网页设计与制作
案例教程（HTML5）

主　编　王　纬　王　妍　王　健
副主编　黄　山　李慧杰　崔　洋
参　编　张　鹏　尹　成　张　宁　钱玉霞

东南大学出版社
SOUTHEAST UNIVERSITY PRESS
·南京·

内容提要

本书采用项目教学法与传统教学法相结合的方式,循序渐进地介绍了网页制作基础知识 HTML、HTML5最新内容、Dreamweaver CC 软件的入门、输入与编辑网页元素、应用超链接和行为、应用表格和框架构建网页布局、应用样式表、应用 DIV+CSS 布局网页、应用模板和库、应用表单和表单对象及动态网页制作入门等。

本书可作为大中专院校及各类计算机教育培训机构的网页设计教材,也可供广大初、中级网页设计爱好者自学使用。

图书在版编目(CIP)数据

网页设计与制作案例教程(HTML5) / 王纬,王妍,
王健主编 . — 南京 : 东南大学出版社,2019.1
  ISBN 978-7-5641-7600-6

Ⅰ.①网… Ⅱ.①王… ②王… ③王… Ⅲ.①网页制
作工具-教材 Ⅳ.①TP393.092.2

中国版本图书馆 CIP 数据核字(2017)第 323826 号

网页设计与制作案例教程(HTML5)

出版发行	东南大学出版社
社　　址	南京市四牌楼 2 号(邮编:210096)
出 版 人	江建中
责任编辑	姜晓乐(joy_supe@126.com)
经　　销	全国各地新华书店
印　　刷	常州市武进第三印刷有限公司
开　　本	787mm×1092mm 1/16
印　　张	15.25
字　　数	380 千字
版　　次	2019 年 1 月第 1 版
印　　次	2019 年 1 月第 1 次印刷
书　　号	ISBN 978-7-5641-7600-6
定　　价	39.00 元

本社图书若有印装质量问题,请直接与营销部联系,电话:025-83791830。

前　言

　　随着信息技术的进一步发展，各个部门对网站开发技术的要求日益提高，各企事业单位对网站开发工作人员的需求也大大增加。网站建设是一项综合性的技能，对很多计算机技术都有着较高的要求。

　　本书是一本注重综合能力提升的整合式书籍，将 Dreamweaver、Photoshop、Flash 等多个实用软件的应用贯穿于项目开发过程中，有助于培养读者的问题解决能力、工具选择和使用能力。本书以职业活动为导向，以经典网站为项目，将读者引入网站设计职业岗位，再通过完成小型实际商业网站的开发制作，使读者掌握从需求分析、整体设计、站点创建与设置、网页设计制作、网站调试、网站推广到文档书写的完整过程。同时又将 HTML、HTML5、CSS、响应式设计等必要的专业知识介绍给读者，为后续学习和工作打好基础。

　　本书围绕网站设计、开发的各个环节精心组织了 10 个工作项目的任务，将各个知识要点转换为需要完成的任务，融"教、学、练、思"于一体，将知识讲解、技能训练和能力提高有机结合，内容遵循循序渐进的原则，逐步深入，注重项目的实践。每个项目分解为多个项目任务，而每个项目任务分别采用任务驱动、案例教学等高效的教学方法，并按照如下思路安排学习内容："项目引入"→"项目展示"→"项目实施"→"归纳总结"→"项目训练"。每个子项目结束前还有小结及技能训练，通过学习和实践，使读者拥有独立设计的能力。

　　全书将开发网站"我的酷站"这个大项目分解成 10 个子项目，将交流能力、问题解决能力等五大职业通用能力与站点设置、界面设计、模板创建、网页布局、网站测试等岗位技能有机融合在相应的项目之中。读者除了要完成案例网站"我的酷站"的制作，还要制作一个实践项目。

　　为了顺应行业需求，全书以培养复合型网站设计与网页制作人才为目的进行编写，综合了网页美工设计、动画交互设计、网页标准布局、移动互联网站开发设计,以及时下流行的 HTML5、CSS3 等新技术。

本书的特色有如下几个方面:

- 项目采用合作企业的真实网站;
- 软件版本采用比较成熟的 CSS 版本,图像处理软件为 Photoshop;
- 表格布局为 DIV+CSS 标准网页布局;
- 简单介绍了 HTML5 和 CSS3 新技术;
- 包含浏览器兼容性测试内容及移动互联网站开发内容;
- 配备丰富的教学资源,开设网络课程教学。

本书由王纬、王妍、王健担任主编,黄山、李慧杰、崔洋担任副主编,张鹏、尹成、张宁、钱玉霞等老师参加编写和审校工作。由于作者水平有限,且时间仓促,错漏之处在所难免,网站的设计、建设是一个复杂的过程,在内容编排、选取等诸多方面难免有挂一漏万之处,敬请各位师生批评指正。联系方式:79553268@qq. com。

编者
2018 年 8 月

目 录

项目 1　网站建设必备知识与建设流程

随着网络的发展，网站已逐渐成为各行各业进行形象展示、信息发布、业务拓展、客户服务、内部沟通的重要阵地。目前，网站种类繁多，按照主体性质不同，可归纳为政府网站、企业网站、商业网站、教育科研机构网站、个人网站、其他非营利机构网站以及其他类型网站等。那么这些网站的网页是如何制作出来的呢？

要设计出让人眼前一亮的网页，不仅要熟练掌握网页设计软件的基本操作，还要掌握网页的基础知识以及网站建设的基本流程。

 ## 1.1　了解网站建设的必备知识

【项目引入】

首先，我们来看两个示例网页，如图 1.1 和图 1.2 所示。

图 1.1　示例网页 1

图 1.2　示例网页 2

这分别是两家网页设计公司制作的网站首页,假设大家是客户,在经费许可的情况下,你会优先选择哪一家来做设计呢? 当然是第一家了。这就是网页设计最能体现出效益的地方。

但是,同样是做网页的,为什么差距如此之大呢? 原因就在于网页设计是平面设计、动画设计、音效设计、配色等各个方面结合的产物。因此,虽然学会网页设计不难,但是要做出好的网页,却需要不断学习和积累,在不断的探索和实践中进步。

网页制作常用的工具有 Dreamweaver、Flash 和 Photoshop 三种,它们的启动界面分别如图 1.3(a)(b)(c)所示。

(a)　　　　　　　　　　(b)　　　　　　　　　　(c)

图 1.3　软件界面

【项目实施】

1.1.1　网站和网页的区别

网站是有独立域名、独立存放空间的内容集合,这些内容可能是网页,也可能是程序或其他文件,不一定要有很多网页,只要有独立域名和空间,哪怕只有一个页面也叫网站。

网页是网站的组成部分。有很多网页却没有独立的域名和空间也只能说是网页,例如blog,挂在别人那里的个人主页,企业建站系统里的企业页面,多用户商城里的商户……尽管有很多页面,功能也齐全,但都不能叫作网站。

网站就像是有门牌(域名)的房子,网页就像房子里面的人,房子里有没有人都还叫房子,你在别人家房子里搭一个房间,不管里面家私如何齐全,住了多少人,都不能把那个房间叫房子。

因此,网站和网页的区别主要有以下几点:

(1) 网站不是按网页多少算的。

(2) 网页再多,未必能发生质变变成网站。

(3) 网站的主要构件:独立的地址、独立的空间、内容,还要能给别人看到。

(4) 网站不一定要用到程序,只有静态页面也可以叫作网站。

1.1.2　了解网页制作技术

1) HTML

HTML 被称为超文本标记语言(Hyper Text Markup Language),因为文本中包含了所谓"超级链接"点——就是一种 URL 指针,通过激活(点击)它,可使浏览器方便地获取新的网页。这也是 HTML 获得广泛应用的重要原因之一。

由此可见,网页的本质就是 HTML,通过结合使用其他的 Web 技术(如:脚本语言、CGI、组件等),可以创造出功能强大的网页。因而,HTML 是 Web 编程的基础,也就是说万维网是建立在超文本基础之上的。

一个网页对应于一个 HTML 文件,HTML 文件以 .htm 或 .html 为扩展名。可以使用任何能够生成 TXT 类型源文件的文本编辑来产生 HTML 文件。标准的 HTML 文件都具有一个基本的整体结构,即 HTML 文件的开头与结尾标志和 HTML 的头部与实体两大部分。有 3 个双标记符用于页面整体结构的确认。

HTML 是一种规范,一种标准,它通过标记符号来标记要显示的网页中的各个部分。网页文件本身是一种文本文件,通过在文本文件中添加标记符,可以告诉浏览器如何显示其中的内容(如:文字如何处理,画面如何安排,图片如何显示等)。浏览器按顺序阅读网页文件,然后根据标记符解释和显示其标记的内容,对书写出错的标记将不指出其错误,且不停止其解释执行过程,编制者只能通过显示效果来分析出错原因和出错部位。但需要注意的是,对于不同的浏览器,对同一标记符可能会有不完全相同的解释,因而可能会有不同的显示效果。

2) HTML 5

HTML5 是 W3C 与 WHATWG 合作的结果。它将成为 HTML、XHTML 以及 HTM-LDOM 的新标准。

HTML5 建立的一些规则:

• 新特性应该基于 HTML、CSS、DOM 以及 JavaScript;

• 减少对外部插件的需求(比如 Flash);

• 更优秀的错误处理;

• 更多取代脚本的标记;

- HTML5 应该独立于设备；
- 开发进程应对公众透明。

HTML5 中的一些有趣的新特性：

- 用于绘画的 canvas 元素；
- 用于媒介回放的 video 和 audio 元素；
- 对本地离线存储的更好的支持；
- 新的特殊内容元素，比如 article、footer、header、nav、section；
- 新的表单控件，比如 calendar、date、time、email、url、search。

3) CSS

CSS 即层叠样式表(Cascading Style Sheet)，是由 W3C 组织制定的一种非常实用的网页元素定义规则，是用来进行网页风格设计的。利用 CSS 可以有效地对页面的布局、字体、颜色、背景和其他效果实现更加精确的控制。CSS 是对 HTML 的补充，通过设立 CSS，可以统一地控制 HTML 中各标记的显示属性，节省许多重复性格式的设定。

CSS3 是 CSS 技术的升级版本，CSS3 语言开发是朝着模块化发展的。以前的规范作为一个模块实在是太庞大而且比较复杂，所以，把它分解为一些小的模块，更多新的模块也被加入进来。这些模块包括：盒子模型、列表模块、超链接方式、语言模块、背景和边框、文字特效、多栏布局等。

4) JavaScript

JavaScript 是为适应动态网页制作的需要而诞生的一种新的编程语言，如今越来越广泛地使用于网页制作中。JavaScript 是一种基于对象和事件驱动并具有相对安全性的客户端脚本语言，同时也是一种广泛用于客户端 Web 开发的脚本语言，常用来给 HTML 网页添加动态功能。JavaScript 提供了丰富的运算功能，包括算术运算、关系运算、逻辑运算和连接运算。JavaScript 的一个重要功能就是面向对象的功能，通过基于对象的程序设计，可以用更直观、模块化和可重复使用的方式进行程序开发。

5) jQuery

jQuery 是一套跨浏览器的 JavaScript 库，用于简化 HTML 与 JavaScript 之间的操作。jQuery 由 John Resig 在 2006 年 1 月的 BarCamp NYC 上发布第一个版本。目前是由 Dave Methvin 领导的开发团队进行开发。全球前 10 000 个访问量最高的网站中，有 59% 使用了 jQuery，是目前最受欢迎的 JavaScript 库。jQuery 使用户能更方便地处理 HTML 文档、事件，实现动态效果，并且方便地为网站提供 AJAX 交互。jQuery 还有一个比较大的优势是，它的文档说明很全，而且各种应用也介绍得很详细，同时还有许多成熟的插件可供选择。jQuery 能够使用户的 HTML 页面保持代码和 HTML 内容分离。除此以外，jQuery 提供 API 让用户编写插件，其模块化的使用方式使用户可以很轻松地开发出功能强大的静态或动态网页。

1.1.3 了解网页制作常用工具

设计网页时，首先要选择合适的工具。而目前使用最广泛的网页编辑工具是 Dreamweaver、Flash 和 Photoshop 这 3 款软件。

1) Dreamweaver CC 的基本界面与功能

Dreamweaver 是一款专业的 Web 设计与开发软件,是一个“所见即所得”的可视化网站开发工具,能够使网页和数据库关联起来,支持最新的 HTML 编程语言和 CSS 技术,大多数的网页形式均可以通过 Dreamweaver 完成。(图 1.4)

图 1.4　Dreamweaver CC 基本界面

Adobe Dreamweaver CC 是由美国 MACROMEDIA 公司官方新发布的一款集网页制作和网站管理于一身的网页编辑器。使用 Adobe Dreamweaver CC 能在可视化环境中快速、方便、高效地完成网页设计。Adobe Dreamweaver CC 支持 CSS 编辑器和 jQuery 库代码自动完成功能等。

Adobe Dreamweaver CC 的新功能和其他增强功能有如下几项:

(1)网页元素快速检查

Dreamweaver CC 使用新增的“元素快速检查”功能来检查文件中的标记,可为静态和动态内容产生互动式 HTML 树状结构,可直接在 HTML 树状结构中修改静态内容结构。

(2)实时检查中的新编辑功能

Dreamweaver CC CSS 设计工具直觉式的视觉编辑工具有助于产生简洁的 Web 标准程式码,并能快速套用渐层和方块阴影等 CSS 属性。

(3)CSS 设计工具增强功能

① 边框控制项界面增强

② 复制粘贴样式

③ 快速编辑文字块

④ 自定义属性工作流程增强功能

⑤ 键盘快捷键

⑥ 较为特定/较不特定选择器

⑦ 滚动至类别

(4)实时插入

在 Dreamweaver CC 版本中,可以使用“插入”面板,直接将 HTML 元素插入“实时检查"中。不需要切换模式就能实时插入这些元素,并且可以立即预览变化。

(5)支持用身份文件与 SFTP 服务器连线

Dreamweaver CC 现在可以根据"身份密钥"(无论有没有复杂密码)验证 SFTP 服务器的连线。

注:Dreamweaver 只支持 OpenSSH 密钥文件。

(6)还原/重做 增强功能

目前为止,如果重做 CSS 设计工具面板中执行的步骤,必须单击 CSS 文件,然后还原/重做该项步骤。

用 CSS 设计工具面板还原/重做动作时,"实时检查"会自动重新整理。使用原始码编辑文件,并从"实时检查"还原变化时,"分割检查"的显示变化和相关原始码会成为焦点。所有还原/重做动作都会在 HTML 文件层级记录。对 CSS 文件所做的任何手动变化,都可以从"任何"相关文件进行还原。

(7)存取 Dreamweaver 扩展功能的变化

现在用户可以使用 Adobe Creative Cloud 检查并安装 Dreamweaver 扩展功能。扩展功能现在称为"附加元件"。

如果要浏览 Adobe Creative Cloud 寻找附加元件,请在 Dreamweaver 中单击"窗口"→"浏览附加元件",随即显示 Adobe Creative Cloud 附加元件页面。

(8)同步设置的变化

Dreamweaver CC 中的同步设置功能可让您将电脑与 Creative Cloud 上 Dreamweaver 实体的设置保持同步。Dreamweaver CC 会自动检查您是否已在旧版 Dreamweaver 中启用同步设置,如果没有,它会让您从 Creative Cloud 导入这些设置。

(9)帮助菜单的变化

Dreamweaver CC 的"帮助"菜单现已重新规划,可方便用户快速存取新功能逐步解说、视频收藏馆、帮助和学习资源,以及发送错误/功能要求表单。

使用 Dreamweaver CC 的过程中,若能熟练地使用快捷键,制作网页时则可达到事半功倍的效果。

2) Flash CC 的基本界面与功能

Adobe 公司发布的 Adobe Flash CC 中文正式版,其界面清新简洁友好,用户能在较短的时间内掌握软件的使用。Adobe Flash CC 可以实现多种动画特效,是由一帧帧的静态图片在短时间内连续播放而形成的视觉效果,表现为动态过程,能满足用户的制作需要。(图 1.5、图 1.6)

在现阶段,Flash 应用的领域主要有制作娱乐短片、片头、广告、MTV、导航条、小游戏、产品展示、应用程序开发的界面、开发网络应用程序等几个方面。Flash 已经大大增加了网络功能,可以直接通过 XML 读取数据,又加强了与 ColdFusion、ASP、JSP 和 Generator 的整合,所以会有越来越多的设计者使用 Flash 开发网络应用程序。

(1)Flash Professional CC 和创意云(图 1.7)

使用新的 Flash Professional CC,你总会发现最新的版本,因为它内置了访问每一个未来的版本权利,而且它支持云同步设置,可以把你的设置和快捷方式连到多台电脑上。

图 1.5　Flash CC 基本界面

图 1.6　Flash CC 界面

图 1.7

创意云现在已经与 Behance 集成,实现实时灵感和以无缝方式来分享你的工作。创造更多,分享更多,永不停止学习,这就是创造性云。

（2）64 位架构

64 位 Flash Professional CC,是从头开始重新开发的。它更加模块化,并提供前所未有的速度和稳定性。可轻松管理多个大型文件,发布更加迅速,有反应更加灵敏的时间轴。

（3）高清导出（图 1.8）

可以把您的内容导出为全高清（HD）视频和音频——即使是由复杂的时间表或脚本驱动的动画——而且不丢帧。

（4）改进 HTML 的发布（图 1.9）

更新的 CreateJS 工具包增强了 HTML5 的支持,变得更有创意,包括按钮、热区和运动曲线的新功能。

（5）简化的用户界面（图 1.10）

简化的用户界面让您可以清晰地关注您需要的内容。对话框和面板更直观、更容易浏览。可以选择浅色或深色的用户界面。

图 1.8

图 1.9

图 1.10

（6）在移动设备上实时测试(图 1.11)

可以通过 USB 把多个 iOS 和 Android 移动设备直接连到您的计算机上，以更少的步骤测试和调试您的内容。

（7）强大的代码编辑器(图 1.12)

Flash Professional CC 内置开源的 Scintilla 库，可以使用新的代码编辑器更有效地写代码，也可以使用新的"查找和替换"面板在多个文件中搜索，以便更快地更新代码。

（8）实时绘图(图 1.13)

您使用 Flash Professional 的任何形状工具画的填充和描边颜色都可立即查看全部预览。您的设计将比以往任何时候都更快地初具规模。

图 1.11

图 1.12

图 1.13

（9）节省时间的时间轴(图 1.14)

可以在时间轴面板管理多个选定层的属性，轻松交换舞台上的多个符号或位图、图像。选择多个层上的对象，一次单击，就可以将它们分发到不同关键帧。

（10）无限的画板大小(图 1.15)

Flash Professional CC 中具有无限的画板（也可译为"粘贴板"）/工作区，可轻松管理大型背景或定位在舞台之外的内容。

图 1.14

图 1.15

（11）在 Adobe Scout CC 中分析代码

通过与 Scout 整合，可让您在工作流程的初期检测代码潜在的问题。

（12）自定义元数据 API

使用一套新的 JavaScript API 设计布局、对话框、游戏素材或游戏关卡。在 Flash Professional 中创建这些元素时，为它们分配属性。

3）Photoshop CC 的基本界面与功能

Adobe Photoshop CC 为 Adobe Photoshop Creative Cloud 的简写。对用户来说，CC 版软件将带来一种新的"云端"工作方式。首先，所有 CC 版软件取消了传统的购买单个序列号的授权方式，改为在线订阅制。用户可以按月或按年付费订阅，可以订阅单个软件也可以订阅全套产品。

其次，"云端"意味着"同步"。Adobe 宣称 CC 版软件可以将所有的设置，包括首选项、窗口、笔刷、资料库等，以及正在创作的文件，全部同步至云端。无论您是用 PC 或 Mac，即使更换了新的电脑，安装了新的软件，只需登录自己的 Adobe ID，即可找回熟悉的工作区。

（1）相机防抖功能

可以挽救您以为因为相机抖动而模糊的照片。不论模糊是由于慢速快门或长焦距造成的，相机防抖功能都能通过分析曲线来恢复其清晰度。

（2）Camera RAW 修复功能改进

您可以将 Camera Raw 所做的编辑以滤镜方式应用到 Photoshop 内的任何图层或文档中，然后再随心所欲地加以美化。在最新的 Adobe Camera Raw 8 中，您可以更加精确地修改图片、修正扭曲的透视。您现在可以像画笔一样使用污点修复画笔工具在您想要去除的图像区域绘制。

（3）Camera Raw 径向滤镜

在最新的 Camera Raw 8 中，可以在图像上创建出圆形的径向滤镜。这个功能可以用来实现多种效果，就像所有的 Camera Raw 调整效果一样，都是无损调整。

（4）Camera Raw 自动垂直功能

在 Camera Raw 8 中，可以利用自动垂直功能很轻易地修复扭曲的透视，并且可以有很多选项来修复透视扭曲的照片。

（5）保留细节重采样模式

这个功能可将低分辨率的图像放大，使其拥有更优质的印刷效果，或者将一张大尺寸图像放大成更大的海报和广告牌的尺寸。新的图像提升采样功能可以保留图像细节并且不会因为放大而生成噪点。

（6）改进的智能锐化

智能锐化是至今为止最为先进的锐化技术，可使图像富有质感，具有清爽的边缘和丰富的细节。该技术会分析图像，将清晰度最大化并同时将噪点和色斑最小化，来取得外观自然的高品质结果。

（7）为形状图层改进的属性面板（图 1.16）

这个新功能可以重新改变形状的尺寸，并且可重复编辑，无论是在创建前还是创建后，都可以随时改变圆角矩形的圆角半径，还可以通过选择多条路径、形状或矢量蒙版来批量修改它们。即使在有许多路径的多层文档中，也可以使用新的滤镜模式，直接在画布上锁定路径（及任何图层）。

(8) 隔离层(图 1.17)

在复杂的层结构中建立隔离层是一个神奇的简化你工作的新方法。这项功能可以让你在一个特定的图层或图层组中进行工作,而不用看到所有图层。

图 1.16　形状图层属性面板

图 1.17　隔离层属性面板

(9) 同步设置(图 1.18)

在最新版的 Adobe Photoshop CC 中,可以使用云端的同步设置功能来使不同电脑上的设置保持一致。

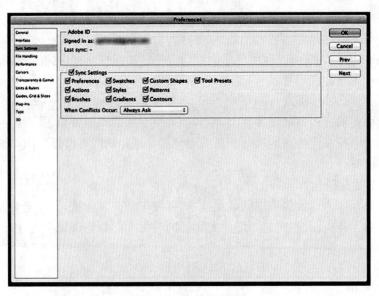

图 1.18　同步设置面板

(10) 在 Behance 上分享(图 1.19)

Adobe Creative Cloud 集成了 Behance 社区,可以让你的灵感与成果得以及时分享。创作越多,分享越多,永无止境,这就是创意云。

图 1.19　Behance 分享设置

1.2　熟悉网站建设的整体流程

【项目引入】

网站建设是一个系统工程,有一定的基本流程,必须遵循该设计步骤,才能设计出满意的网站。因此在建设网站之前,必须了解整个网站建设的基本流程,才好制作出更好、更合理的网站。

【项目展示】

网站开发制作流程图如图 1.20 所示。

图 1.20　网站开发制作流程图

【能力要求】

(1) 了解熟悉网站建设整体流程的重要性。

(2) 知道网站建设整体流程的基本内容有哪些,应该如何进行网站建设。

【项目实施】

1.2.1　网站前期策划

1) 定位网站的主题

网站定位就是确定网站的特征、特定的使用场合及其特殊的使用群体和其特征带来的利益,即网站在网络上的特殊位置,它的核心概念、目标用户群、核心作用等。网络营销管理顾问"新竞争力"公司认为,网站定位营销的实质是对用户、市场、产品、价格以及广告诉求的重新细分与定位,预设网站在用户心中的形象地位。网站定位的核心在于寻找或打造网站的核心差异点,然后在这个差异点的基础上,在消费者的心智模式中树立一个品牌形象、一个差异化概念。

在建设网站之前,要对市场进行调查与分析,了解目前互联网的发展状况及同类网站的发展、经营状况,汲取它们的长处,找出自己的优势,确定自己网站的功能,是产品宣传型、网上营销型、客户服务型还是电子商务型抑或其他类型网站,再根据网站功能确定网站应达到的目的和应起到的作用,从而明确自己网站的主题,确定网站的名称。

网站的名字很重要,它是网站主题的概括和浓缩,决定着网站是否更容易被人接受。

提示:网站的名字应该简短、有特色、容易记,最重要的是它应该能够很好地概括网站的主题。

网站命名的原则如下:

(1)要有很强的概括性,网站的名称就能反映出网站的题材;

(2)要合理、合法、易记,最好读起来朗朗上口;

(3)名称不宜过长,要方便其他网站链接;

(4)要有个性,体现出一定的内涵,能给浏览者以更多的想象力和冲击力。

2)收集整理资料

在做网页之前,要尽可能多地收集与网站主题相关的素材(文字、图像、多媒体等),再去芜存菁,为我所用。

(1)文字素材。文字内容可以让访问者明白网页要表达的意思。文字素材可以从用户那里获取,也可以通过网络、书本等途径收集,还可以由制作者自己编写。这些文字素材可以制作成 Word 文档或 TXT 文档保存到站点下的相关子目录中。

(2)图像、多媒体等素材。一个能够吸引访问者眼球的网站仅有文本内容是不够的,还需要添加一些增加视觉效果的素材,比如图像(静态图像或动态图像)、动画、声音、视频等,使网页充满动感和生机,从而吸引更多的访问者。这些素材可以由用户提供,也可以由制作者自己拍摄制作,或通过其他途径获取。将收集整理好的素材存放到站点下的相关子目录中。

3)设计规划网站结构图(网站导航设计)

网站结构图设计也就是网站栏目功能规划,即确定网站要展示的相关内容,把要展现在网站上的信息体现出来。网站的结构蓝图也决定着网站导航设计的好坏,简单直观的导航不仅能提高网站易用性,方便用户找到所需的信息,还有助于提高用户转化率。如果把主页比作网站门面,那么导航就是通道,这些通道走向网站的每个角落,导航的设计是否合理对于一个网站具有非常重要的意义。

4)设计网站形象

内容是基础,一个网站有丰富的、能充分满足用户需求的内容是第一位的,但过分偏重内容而忽视形象也是不可取的。忽视形象,将导致网站吸引力和用户体验度的降低,一个没有独特风格的网站很难给访问者留下深刻的印象,更不容易把网站打造成一个网络品牌。网站形象设计包括以下几个方面。

(1)网站的标志

标志(LOGO),是表明事物特征的记号。它以单纯、显著、易识别的物象,图形或文字符号为直观语言,除表示什么、代替什么之外,还具有表达意义、情感和指令行动等作用。

在计算机领域,网站的 LOGO 就是网站的标志图案,它一般会出现在网站的每一个页面上,是网站给人的第一印象。因而,LOGO 设计追求的是以简洁的、符号化的视觉艺术形象把网站的形象和理念长留于人们心中。

LOGO 实际上是将具体的事物、事件、场景和抽象的精神、理念、方向通过特殊的图形固定下来,使人们在看到 LOGO 的同时自然地产生联想,从而对企业产生认同,它是站点特色和内涵的集中体现。一个好的 LOGO 应该是网站文化的浓缩,能反映网站的主题和名字,能让访问者见到它就能联想到它的网站。LOGO 设计的好坏直接关系着一个网站乃至一个公司的形象。

目前并没有专门制作 LOGO 的软件,其实也并不需要这样的软件。平时所使用的图像处理软件或者加上动画制作软件(如果要做一个动画的 LOGO 的话)都可以很好地胜任这份工作,如 Photoshop、Fireworks 等。而 LOGO 的制作方法也和制作普通的图片及动画没什么不同,不同的只是规定了它的大小而已。

提示:① 88 像素×31 像素,这是互联网上最普遍的 LOGO 规格;

② 120 像素×60 像素,这种规格用于一般大小的 LOGO;

③ 120 像素×90 像素,这种规格用于大型 LOGO。

【赏析】

部分著名网站的标志如图 1.21 所示。

图 1.21　著名网站 LOGO 赏析

(2) 网站的色彩搭配

网站给人的第一印象就来自于视觉的冲击,因此,确定网站的色彩是相当重要的。不同的色彩搭配会产生不同的效果,并可能影响到访问者的情绪。赏心悦目的网页,色彩的搭配都是和谐而优美的。

一般来说,适合于网页标准色的颜色主要有蓝色、黄/橙色、黑/灰/白色 3 大色系。在对网页进行色彩规划时要注意以下几点:

① 网站的标准色彩不宜过多,太多会让人眼花缭乱。标准色彩应该用于网站的标志、标题、主菜单和主色块,给人以整体统一的感觉,其他的色彩只作为点缀和衬托,绝不可以喧

宾夺主。

② 不同的颜色会给浏览者不同的心理感受。因此,在确定主页的题材后,要了解哪些颜色适合哪些站点。

③ 在色彩的运用中还要注意一个问题:由于国家和种族、宗教和信仰的不同,以及地理、文化的差异等,不同的人群对色彩的喜恶程度有着很大的差异。

【赏析】

其他网站色彩搭配欣赏如图 1.22 所示。

图 1.22　网站色彩搭配欣赏

(3) 网站的字体运用

网页的字体也是网站内涵的一种体现,合适的字体会让人感觉到美观、亲切、舒适。一般的网页默认的字体是宋体,如果想体现与众不同的风格,可以做一些特效字体,但特效字体最好以图像的形式体现,因为很多浏览者的计算机中可能没有网站所设置的特效字体。

（4）网站的立传标语

网站的宣传标语也就是网站的广告语。广告语是品牌传播中的核心载体之一,好的广告语是可以让人朗朗上口,记忆深刻的。更重要的是,出色的广告语,能深深地打动访问者,让它所代表的网站在网络世界的众多站点里占有一席之地!

【举例】

360搜索——360搜索,搜一下;腾讯微博——腾讯微博,不一样的精彩。

5）设计网页布局

网页的布局设计,就是指网页中图像和文字之间的位置关系,简单来说也可以称之为网页排版。网页布局设计最重要的目的就是传达信息。一个并不能阅读的网页只能变成一个无用的链接。分割、组织和传达信息并且使网页易于阅读,界面具有亲和力和可用性是网页设计师应有的职责,只有这样,浏览者才有更好的机会找出吸引他的东西。

简单来说,可以把网页中的内容看成是一个一个的"矩形块",把多个"矩形块"按照行和列的方式组织起来,就构成了一个网页。网页的布局最能够体现网站设计者的构思,良好的网页布局能使访问者身心愉悦,而布局不佳的页面则可能使访问者失去继续浏览的兴趣而匆匆离去。所以,网页布局也是网站设计中的关键因素。

所谓网页布局就是对网页元素的位置进行排版。对于不同的网页,各种网页元素所处的地位不同,出现在网页上的位置也不同。

网页布局元素一般包括:网站名称（LOGO）、广告区（banner）、导航区（menu）、新闻（what's new）、搜索（search）、友情链接（links）、版权（copyright）等。

对网页元素的布局排版决定着网页页面的美观度和实用性。常见的布局结构有以下几种。

（1）"同"字型布局

所谓"同"字形结构就是指页面顶部为"网站标志＋广告条＋主菜单"或上方为主菜单,下方左侧为二级栏目条,右侧为链接栏目条,屏幕中间显示具体内容的布局。

这种布局的优点是充分利用版面,页面结构清晰,左右对称,主次分明,信息量大;缺点是页面拥挤,太规矩呆板,如果细节、色彩上缺少变化调剂,很容易让人感到单调乏味。

（2）"国"字型布局

"国"字型布局是在"同"字型布局基础上演化而来的,在保留"同"字形的同时,在页面的下方增加一横条状的菜或广告,是一些大型网站喜欢使用的类型。一般最上面是网站的标题、主导航菜单及横幅广告条,接下来就是网站的主要内容,左右分列一些小条内容,中间是主要部分,与左右一起罗列到底,最下面是网站的一些基本信息、联系方式、版权声明等。这种结构是在网上见得最多的一种结构类型。

这种布局的优点是充分利用版面,信息量大,与其他页面的链接切换方便;缺点是页面拥挤,四面封闭,令人感到憋气。

（3）T型布局

这是一个形象的说法,是指页面的顶部是"网站标志＋广告条",左面是主菜单,右面是主要内容。这种布局的优点是页面结构清晰、主次分明,是初学者最容易上手的布局方法;缺点是页面呆板,如果不注意细节上的色彩,很容易让人"看之乏味"。

（4）"三"字型布局

这种布局多用于国外站点,国内用得不多。其特点是在页面上有横向两条色块,将页面分割为三部分,色块中大多放广告条、更新和版权提示。

(5) 对比布局

顾名思义,这种布局采取左右或者上下对比的方式:一半深色,一半浅色。一般用于设计型站点。优点是视觉冲击力强;缺点是将两部分有机地结合比较困难。

(6) POP 布局

POP 引自广告术语,是指页面布局像一张宣传海报,以一张精美图片作为页面的设计中心。这种类型基本上是出现在一些网站的首页,大部分为一些精美的平面设计结合一些小的动画,放上几个简单的链接或者仅是一个"进入"的链接,甚至直接在首页的图片上做链接而没有任何提示。这种布局大部分出现在企业网站和个人首页,如果处理得好,会给人带来赏心悦目的感觉。

(7) Flash 布局

这种布局是指整个或大部分幅面的网页本身就是一个 Flash 动画,它本身就是动态的,画面一般比较绚丽、有趣,是一个比较新潮的布局方式。其实这与封面型结构是类似的,只是这种类型采用了目前非常流行的 Flash,与封面型不同的是,由于 Flash 强大的功能,页面所表达的信息更丰富,其视觉效果及听觉效果如果处理得当,绝不差于传统的多媒体。

除了以上介绍的几种常见布局结构以外,还可以见到诸如"川"字形布局、封面型布局、标题文本型布局、框架型布局和变化型布局等网页,它们也都具备各自不同的特点。网站设计者可以根据自己网站的主题及要实现的功能来选择合适的布局。

1.2.2 制作裁切网站设计稿

网页的界面是整个网站的门面,好的门面会吸引越来越多的访问者,因此网页界面的设计也就显得非常重要。网页界面的设计主要包括创意、色彩和版式 3 个方面。创意会使网页在众多的竞争对手中脱颖而出;色彩可以使网页获得生命的力量;版式则是和用户沟通的核心,这三者缺一不可。

俗话说:"良好的开端是成功的一半。"在网站设计上也是如此,首页设计的好坏是一个网站成功与否的关键。人们往往看到第一页时就已经对网站有了一个整体的感觉。能否促使访问者继续浏览网站的其他页面,关键就在于首页设计的效果。首页最重要的作用在于它能够表现出整个网站的概貌,能将网站所提供的功能或服务展示给访问者。

首页设计的方法是:先在纸上画出首页页面布局图,再利用图片处理软件 Photoshop 或 Fireworks 设计制作首页整体效果图。首页效果图设计好之后,其他页面的设计就没那么复杂了。主要是和首页风格保持一致,页面设计美观,要有返回首页的链接等。

将网页的效果图设计完之后,网页在浏览器中的效果会以一整张图片显示出来,接下来就要对这张图片进行裁切。

裁切是网页设计中非常重要的一环,它可以很方便地标明哪些是图片区域,哪些是文本区域,使版块格式尤其是图片和文字的比例得到合理的控制。合理的裁切还具有加快网页的下载速度、可以设计复杂造型的网页,以及对不同特点的图片进行分格式压缩等优点。另外,网站是要时时更新的,根据布局将整图裁剪成小块,在以后的更新过程中就会很方便。

1.2.3 规划与建立站点

Web 站点是一组具有共享属性的链接文档,包含了很多类型的文件,如果将所有的文件混杂在一起,那么整个站点就会显得杂乱无章,看起来会很不舒服且不易管理,因此在制作具体的网页之前,需要对站点的内部结构进行规划。

站点的规划不仅需要准备好建设站点所需的各种素材资料,还要设计好资料整合的方式,并根据资料确定站点的风格特点,同时在内部还要整齐有序地排列归类站点中的文件,便于将来的管理和维护。

设置站点的常规做法是在本地磁盘上创建一个包含站点所有文件的文件夹(站点根文件夹),称为本地站点。然后在该文件夹中再创建若干个文件夹,分别命名为 images、media、styles 等。再将各个文件分门别类地放到不同的文件夹下,这样可以使整个站点的结构看起来条理清晰、井然有序,使人们通过浏览站点的结构,就可知道该站点的大概内容。

1.2.4 实现网页结构

规划好站点相关的文件和文件夹后,就可以开始制作具体的网页了。设计网页时,首先要选择网页设计软件。虽然用记事本手工编写源代码也能做出网页,但这需要设计者对编程语言非常熟悉,它不适合所有的网页设计爱好者。而目前所见即所得类型的工具越来越多,使用也越来越方便,所以制作网页已经变成了一项轻松的工作。

Dreamweaver、Flash、Fireworks 合在一起被称为网页制作三剑客。这三个软件相辅相成,是制作网页的首选工具,其中 Dreamweaver 主要用来制作网页文件,制作出来的网页兼容性好,制作效率也很高,Flash 用来制作精美的网页动画,Photoshop 或 Fireworks 用来处理网页中的图像。

素材有了,工具也选好了,下面就是具体的实施设计,将站点中的网页按照设计方案制作出来,这是一个复杂而细致的过程,一定要按照先大后小、先简单后复杂的原则来进行制作。所谓先大后小,就是指在制作网页时,先把大的结构设计好,然后再逐步完善小的结构设计。所谓先简单后复杂,就是先设计出简单的内容,然后再设计复杂的内容,以便出现问题时修改。

1.2.5 使用 CSS 样式美化首页

现代网页制作离不开 CSS 技术,采用 CSS 技术可以有效地对页面的布局、字体、颜色、背景和其他效果进行更加精确地控制,可以实现调整字间距、行间距、取消链接的下划线、固定背景图像等 HTML 标记无法表现的效果。

采用 CSS 的另外一个优点是在对很多网页文件设置同一种属性时,无需对所有文件反复进行操作,只要应用 CSS 样式就可以方便、快捷地进行操作。在 Dreamweaver 中只需要单击几次,就可以在字体、链接、表格、图片等构成网页文件的所有元素属性中应用样式表。

CSS 的主要优点是容易更新,只要对一处 CSS 规则进行更新,则使用该定义样式的所有文档的格式都会自动更新为新样式。

1.2.6 创建并应用网页模板

通常在一个网站中会有几十甚至几百个风格基本相似的页面,如果每次都重新设定网页结构及相同栏目下的导航条、各类图标会非常麻烦,可以借助 Dreamweaver 的模板功能来简化操作。

模板的功能就是把网页布局和内容分离,在布局设计好之后将其存储为模板,这样相同布局的页面可以通过模板创建。对模板修改更新时,所有采用了该模板的网页文档的固定

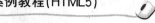

区域都能同步更新,从而实现整个站点风格迅速、统一地改变。

1.2.7 测试与发布网站

网站创建完毕,要发布到 Web 服务器上才能够让全世界的人浏览。在上传之前要进行细致周密的测试,以保证上传之后访问者能正常浏览和使用。

在网站开发、设计、制作过程中,对网站的测试、确定和验收是一项重要而又富有挑战性的工作:网站测试不但需要检查网站是否按照设计的要求运行,而且还要测试网站在不同用户端的显示是否合适,最重要的也是从最终用户的角度进行安全性和可用性测试。对网页内容和网站整体性能进行有效的测试也是十分必要的。

1.2.8 更新与维护网站

一个好的网站,不仅仅是一次性制作完就完成了,日后的更新维护也是极其重要的。就像盖好的一栋房子或者买回的一辆汽车,如果长期搁置无人维护,必然变成朽木或者废铁。网站也是一样,只有不断地更新、管理和维护,才能留住已有的访问者并且吸引新的访问者。

对于任何一个网站来说,如果要始终保持对访问者有足够的吸引力,定期进行内容的更新是唯一的途径。如果浏览网站的访问者每次看到的网站都是一样的,那么日后就不会再来,几个月甚至一年一成不变的网页是毫无吸引力可言的,那样的结果只能是访问人数的不断下降,同时也会对网站的整体形象造成负面影响。

1.2.9 网站项目总结

网站建设在达到目标后,需要进行项目总结,对项目取得的成功经验及失败教训进行的分析,并将这些信息一并存档以备将来利用。项目总结的目的和意义在于总结经验教训、防止犯同样的错误、评估项目团队、为绩效考核积累数据,以及考察是否达到阶段性目标等。

【归纳总结】

要想制作一个好的网站一定不能随心所欲,要有明确的设计思路。对于网页设计者来说,在动手制作网页之前,应对网页设计的整体工作流程有一个清晰的认识,即站点主题要明确,网页素材准备要充分,站点内容和目录结构要规划好,要本着由面到点、由宏观到细节的原则进行设计。

【项目训练】

到网上查找与主题相关的网站(3 个),列出网址,并分别从主题、色彩搭配、网页布局图(首页+子页,共两张网页)、网站逻辑结构图(从首页三层)4 个方面分析它们的特点。

1.3 小　结

项目 1 主要介绍了网站建设与网页制作的基本情况。通过这些基本知识,让读者掌握动态网页与静态网页的区别,了解网页制作的技术和常用工具,熟悉网站建设的基本流程。同时还介绍了制作网页的三大利器 Dreamweaver CS5、Flash CS5、Photoshop CS5 的工作界面和基本功能。

项目 2　　"我的酷站"前期策划

要想制作一个好的网站一定不能随心所欲,要有明确的设计思路,并做好前期的策划工作。第一个项目我们重点介绍了网站建设的基本流程,同时也介绍了网站开发的基本工具Dreamweaver、Flash 和 Photoshop 的基本功能。接下来将以项目"我的酷站"网站为例,具体介绍网站建设前的项目分析,让读者更加深刻地了解网站建设的整体流程。

那么我们接到一个网站项目后,究竟该如何对项目进行分析呢?

2.1　"我的酷站"项目立项

【项目引入】

网站建设是一个系统工程,有一定的基本流程,必须遵循设计步骤,才能设计出满意的网站。任何一个项目或者系统开发之前都需要制定一个开发约定和规则,这样有利于项目的整体风格统一、代码维护和扩展。网站建设更是如此。

项目需求说明书如图 2.1 所示。

"我的酷站"需求说明

　　□　山东省日照市复春速生苗木培育中心
　　□　地址:山东省日照市山东中路634号
　　□　邮编:276800
　　□　电话:0633-7689999

图 2.1　项目需求说明书

【项目实施】

2.1.1 介绍"我的酷站"需求说明书

制作一个网站项目的第一步是了解需求,明确建设网站的目的至关重要:如建立网站是为了销售产品还是为了进行商业服务;网站对象是哪些,浏览者能从网站上得到什么信息,打算从网站中获得怎样的回报等。

因此,如何更好地了解、分析、明确用户需求,并且能够准确、清晰地以文档的形式表达给参与项目开发的每个成员,保证开发过程按照满足用户需求的正确方向进行,是每个网站开发项目管理者需要面对的问题。

第一步是需要客户提供一份完整的需求信息。

在开发"我的酷站"项目时,主要从以下内容着手对客户的需求做调查。

(1)建立网站的目的是什么?是为了销售产品,还是为了进行商业服务,或是进行企业宣传等。

(2)网站规模有多大,需要哪些栏目?是规模较小,还是相当复杂、栏目众多等。

(3)网站目标用户群是哪些人?是分销商还是终端消费者,是青少年还是青年,或是"灰领""白领"等。

(4)网站有收入来源吗?

(5)实现网站的技术是怎样的?是全 Flash 实现还是全用 HTML 代码,不需要程序,或者是局部用 asp、php 或其他动态程序生成等。

(6)网站设计上有什么要求?是时尚、比较大气,还是专业、内容丰富,或者没有要求。

(7)网站完成后,负责更新的工作如何安排?是全部自己做,还是由别人代劳,或者由网站制作人员负责。

针对这 7 个问题的答案做出正确的判断,从而有效地确立主题,展开网站建设的创作思路,并把网站指引到正确的方向上去。

作为网页设计人员,要不断引导和帮助客户分析,挖掘出客户潜在的、真正的需求。

第二步是设计人员要在客户的配合下写一份详细的需求分析,最后根据需求分析确定建站理念。

配合客户写一份详细、完整的需求说明会花很多时间,但这样做是值得的,而且一定要让客户满意,签字认可。把好这一关,可以杜绝很多因为需求不明或理解偏差造成的失误和项目失败。按照糟糕的需求说明不可能建设出高质量的网站。那么需求说明书要达到怎样的标准呢?简单说,包含以下几点:

(1)正确性:必须清楚描写交付的每个功能。

(2)可行性:确保在当前的开发能力和系统环境下可以实现每个需求。

(3)必要性:功能是否必须交付,是否可以推迟实现,是否可以在削减开支情况发生时去掉。

(4)简明性:不要使用专业的网络术语。

(5)检测性:如果开发完毕,客户可以根据需求检测。

2.1.2 组建项目团队

获得网站建设需要的材料后,要对材料进行分析和深入了解,这样创作才能正确传播信息内涵。这时就需要将"我的酷站"项目立项。我们需要成立一个专门的项目小组,小组成员包括项目经理、网页设计员、程序员、测试员、内容编辑等必需人员。

Web项目开发中一般有前、后台开发之分,"我的酷站"项目也不例外。前台开发主要是指非编程部分,主要职责是网站AI设计、界面设计、动画设计等。而后台开发主要是编程和网站运行平台搭建,其主要职责是设计网站数据库和网站功能模板。在一般情况下,应该尽量说服客户从合理、美观的角度来选择,在可能维护自己风格和意见的情况下,尽量满足客户的需求,这也是网页设计人员的职业道德。

【归纳总结】

任何一个网站的开发都需要立项,并进行详细的需求分析,深入了解客户的各种需求,明确待解决的问题,因此配合客户写一份详细、完整的需求说明书非常重要。

【项目训练】

分析您目前正在开发的网站,确定需要从哪些方面对客户的需求做调查,书写一份比较详细、完整的需求分析。

2.2 "我的酷站"项目策划书

【项目引入】

一个网站建设得是否成功与建站前的网站规划有着极为重要的关系。在建立网站前应明确建设网站的目的,确定网站的功能,确定网站规模、投入费用,并进行必要的市场分析。网站规划对网站建设起到计划和指导作用,对网站的内容和维护起到定位作用。只有详细的规划,才能避免在网站建设中出现很多问题,使网站建设顺利进行。网站策划书应该尽可能涵盖网站策划中的各个方面,其写作要科学、认真、实事求是。网站策划书一般包含如下内容。

1)建设网站前的市场分析(企业自行处理)

(1)相关行业的市场是怎样的,市场有什么样的特点,是否能够在互联网上开展公司业务。

(2)分析市场主要竞争者,了解竞争对手上网情况及其网站的功能作用。

(3)分析公司自身条件、公司概况和市场优势,明确可以利用网站提升哪些竞争力及建设网站的能力(费用、技术、人力等)。

2)建设网站的目的及功能定位

(1)为什么要建立网站,是为了树立企业形象、宣传产品、进行电子商务还是建立行业性网站,是企业的基本需要还是市场开拓的延伸等。

(2)整合公司资源,确定网站功能。根据公司的需要和计划,确定网站的功能类型,包括企业型网站、应用型网站、商业型网站(行业型网站)和电子商务型网站等,其中企业网站又分为企业形象型、产品宣传型、网上营销型、客户服务型和电子商务型等。

(3)根据网站功能,确定网站应达到的目的。

(4)明确企业内部网(Intranet)的建设情况和网站的可扩展性。

3)网站技术解决方案

根据网站的功能确定网站技术解决方案。

(1) 采用自建服务器还是租用虚拟主机。

(2) 选择操作系统,使用 Windows 还是 UNIX、LINUX。分析投入成本、功能、开发、稳定性和安全性等。

(3) 采用模板自助建站、建站套餐还是个性化开发。

(4) 网站安全性措施,包括防黑、防病毒方案(如果采用虚拟主机,则该项由专业公司负责)等。

(5) 选择什么样的动态程序及相应数据库。如 ASP、JSP、PHP 程序,SQL、ACCESS、Oracle 数据库等。

4) 网站内容及实现方式

(1) 根据网站的目的确定网站的结构导航。一般企业型网站应包括公司简介、企业动态、产品介绍、客户服务、联系方式、在线留言等基本内容。还可以包括更多内容,如常见问题、营销网络、招贤纳士、在线论坛、英文版等。

(2) 根据网站的目的及内容确定网站整合功能。如 Flash 引导页、会员系统、新闻发布系统、网上购物系统、在线支付、问卷调查系统、信息搜索查询系统和流量统计系统等。

(3) 确定网站的结构导航中每个频道的子栏目。如公司简介中可以包括总裁致辞、发展历程、企业文化、核心优势、生产基地、科技研发、合作伙伴、主要客户、客户评价等;客户服务可以包括服务热线、服务宗旨、服务项目等。

(4) 电子商务类网站要提供会员注册、详细的商品服务信息、信息搜索查询、订单确认、付款、个人信息保密措施和相关帮助等。

(5) 如果网站栏目比较多,可以考虑采用网站编程专业人员负责相关内容。需要注意的是,网站内容是网站吸引浏览者的最重要的因素,无内容或不实用的信息不会吸引匆匆浏览的访客,可事先调查人们希望阅读到什么样的信息内容,并在网站发布后调查用户对网站内容的满意度,以便及时调整网站内容。

(6) 确定网站内容的实现方式。如产品中心使用动态程序数据库还是静态页面,营销网络是采用列表方式还是地图展示。

5) 网页设计

(1) 网页美术设计一般要与企业整体形象一致,要符合企业 CI 规范,要注意网页色彩、图片的应用及版面策划,保持网页的整体一致性。

(2) 在新技术的采用上,要考虑主要目标访问群体的分布地域、年龄阶层、网络速度、阅读习惯等。

(3) 制定网页改版计划,如半年到一年时间内进行较大规模改版等。

6) 费用预算

(1) 企业建站费用的初步预算。一般根据企业的规模、建站的目的和上级的批准而定。

(2) 专业建站公司提供详细的功能描述及报价,企业进行性价比研究。

(3) 建设网站的价格从几千元到十几万元不等,如果排除模板式自助建站(一般来说,企业的网站无论大小,必须有排他性,如果千篇一律对企业形象的影响极大)和牟取暴利的因素,网站建设的费用一般与功能要求是成正比的。

7）网站维护

（1）服务器及相关软硬件的维护。对可能出现的问题进行评估，制定响应时间。

（2）数据库维护。有效地利用数据是网站维护的重要内容，因此数据库的维护要受到重视。

（3）内容的更新、调整等。

（4）制定相关网站维护的规定，将网站维护制度化、规范化。

（5）动态信息的维护通常由企业安排相应人员进行在线更新管理，静态信息（即没用动态程序数据库支持）可由专业公司进行维护。

8）网站测试

网站发布前要进行细致、周密的测试，以保证能够正常浏览和使用。主要测试内容包括以下几个方面：

（1）服务器稳定性、安全性。

（2）程序及数据库测试，网页兼容性测试，如浏览器、显示器等。

（3）文字、图片、链接是否有误。

9）网站发布与推广

（1）网站测试后进行发布的公关、广告活动等。

（2）进行搜索引擎登记等。

10）网站建设日程表

安排各项策划任务的开始、完成时间，负责人等。

以上为网站策划中的主要内容，根据不同的需求和建站目的，内容也会增加或减少。在建设网站之初，一定要进行细致的策划，才能达到预期建站目的。

【项目展示】

项目策划书如图 2.2 所示。

"我的酷站"项目策划书

☐ 山东省日照市复春速生苗木培训中心
☐ 地址：山东省日照市山东中路634号
☐ 邮编：276800
☐ 电话：0633-7689999

图 2.2　项目策划书

【项目实施】

2.2.1 分析确定网站逻辑结构图

根据网站的功能和网站要展示的信息,设计出符合用户要求并能体现网站特色的网站结构图。网站结构图实质上是一个网站内容的大纲索引,对网站中涉及的栏目要突出网站的主题和特色,同时要方便访问者浏览,在设置栏目时,要仔细考虑网站内容的轻重缓急,合理安排,突出重点。"我的酷站"这个网站的逻辑结构图,如图2.3所示。

图 2.3 "我的酷站"网站逻辑结构图

2.2.2 设计网站界面原型

1) 设计网站形象

(1) 网站的标准色彩搭配

网站的标准色彩极其重要,直接影响到网站给人的第一印象。不同色彩的搭配会产生不同的视觉效果。网站的标准色不是越多越好,太多会让人眼花缭乱,要控制在3种以内。网站的 LOGO、标题、主菜单和主色块要用标准色彩,给人一个统一的视觉效果,网页标准色主要有蓝色、黄/橙色、黑/灰/白色三大系列色。(图2.4)

图 2.4 网站标准色彩搭配示例

(2) 网站的 LOGO 设计

网站的 LOGO 可以是中文、英文字母、符号、图案,也可以是动物或者人物等等,如网易网用中文"易"字作为 LOGO,其设计理念来源于网站的名称。就一个网站来说,LOGO 即是网站的名片。而对于一个追求精美的网站,LOGO 更是它的灵魂所在,即所谓的"点睛"之笔,一个好的 LOGO 往往会反映网站及制作者的某些信息,特别是对一个商业网站来说,可以从中基本了解到这个网站的类型或者内容。此外,一个好的 LOGO 可以让人记忆深刻。

为了能体现出本网站的特色和内涵,设计出一个好的 LOGO 至关重要。LOGO 中可以只有图形,也可以有特殊的文字等。"我的酷站"网站的 LOGO 设计如图2.5所示。

图 2.5 "我的酷站"网站 LOGO 效果

（3）网站的广告词设计

网站的宣传标语体现了公司产品的内涵与精神，往往用一个词或一句话就能体现出来。

（4）网站的标准字体选择

网站的字体一般默认为宋体，然而为体现出一个网站的独特风格，可以根据需要选择一些特殊的字体，譬如，为了体现设计精美可以选用广告体，为了体现亲和度可以选手写体，为了体现专业性可以选用粗体仿宋，等。

"我的酷站"网站的字体设置如下：

- 正文：微软雅黑、14 像素、行高 24 像素、深灰色。
- 标题：微软雅黑、30 像素、深灰色。
- 版块标题：特殊字体处理成图片的格式。

2）设计网页布局

在制作网页前首先要设计网页的版面布局。就像传统的报刊编辑一样，将网页看作一张报纸、一本杂志来进行排版布局。版面指的是浏览器看到的完整的一面（可以包含框架和层）。因为每个浏览者的显示器分辨率不同，所以同一个页面的大小可能出现不同尺寸。布局，就是以最适合浏览的方式将图片和文字排放在页面的不同位置。

"我的酷站"网站的页面布局设计如下：

- 首页——"三"字形（上、中、下）；中：分三栏（左、中、右）。
- 子页——关于我们："三"字形（上、中、下）。

3）设计首页及二级页面效果

设计是一种审美活动，成功的设计作品一般都很艺术化。但艺术只是设计的手段，而并非设计的任务。设计的任务是要实现设计者的意图，而并非创造美。网页设计的任务，是指设计者要表现的主题和要实现的功能。站点的性质不同，设计的任务也不同。

设计首页的第一步是设计版面布局。可以将网页看作传统的报刊来编辑，这里面有文字、图像及动画等，要用最合适的方式将图片和文字排放在页面的不同位置。这就需要运用图片处理软件 Photoshop 将原先在纸上画出的首页页面布局图设计制作成整体效果图。设计作品一定要有创意，这是最基本的要求，没有创意的设计是失败的。

"我的酷站"网站首页设计效果图参见图 2.6。

为了保持网站风格的统一，在设计好的首页效果图基础上，通过使用图片处理软件 Photoshop，将网站的其他页面效果图设计出来。一般网站的页面，除了首页以外，其他子页面的布局风格基本相似，因此在设计子页效果时并不需要将所有页面都设计出来。

"我的酷站"网站"关于我们"子页效果图如图 2.7 所示。

4）裁切设计稿

网页的效果图设计好之后，最终在浏览器中的效果就以一整张图片显示出来。为了提高浏览者浏览器下载速度和访问速度，要利用 Photoshop 的裁剪功能把整图裁剪成小块。将裁剪得到的小图片分别命名并保存到指定的目录下，最终在 Dreamweaver 中将切割开的小图片整合起来。

"我的酷站"网站首页和子页的裁剪如图 2.8 和图 2.9 所示。

图 2.6 "我的酷站"网站首页

图 2.7 "关于我们"子页效果

图 2.8 "我的酷站"网站首页裁剪效果

图 2.9 "我的酷站"网站子页裁剪效果

2.2.3 撰写项目策划书

1) 网站策划与网站策划书

网站策划是一项比较专业的工作,包括了解客户需求,客户评估,网站功能设计,网站结构规划,页面设计,内容编辑,撰写"网站功能需求分析报告",提供网站系统软硬件配置方案,整理相关技术资料和文字资料等。网站策划是指在网站建设前对市场进行分析,确定网站的目的和功能,并根据需要对网站建设中的技术、内容、费用、测试、维护等做出规划。网站规划对网站建设起到计划和指导的作用,对网站的内容和维护起到定位作用。

无论企业的网站是准建、在建、扩建还是改建,都应有一个网站策划书。它是网站平台建设成败的关键内容之一。网站策划书应该尽可能涵盖网站策划中的各个方面,写作要科学、认真、实事求是。

2)"我的酷站"项目策划书

在前期了解了客户需求的基础上,一般需要给客户一个网站策划方案。很多网页制作者在接洽业务时就被客户要求提供方案。那时的方案一般比较笼统,而且在客户需求不是十分明确的情况下提交的方案,往往和实际制作后的结果会有很大差异。所以应该尽量取得客户的理解,在明确需求并总体设计后提交方案,这样对双方都有益处。

"我的酷站"网站策划方案包括以下几个部分:

一、需求分析

二、网站目的及功能定位

1. 树立全新企业形象

2. 提供企业最新信息

3. 增强销售力

4. 提高附加值

三、网站技术解决方案

1. 界面结构

2. 功能模块

3. 内容主题

4. 设计环境与工具

四、网站整体结构

1. 网站栏目结构图

2. 栏目说明

(1) 网站首页

(2) 关于我们

(3) 联系我们

(4) 服务条款

(5) E 站日记

(6) 帮助信息

(7) 意见反馈

（8）在线申请

五、网站测试与维护

六、网站发布与推广

七、网站建设日程表

八、网站费用预算

【归纳总结】

项目2主要介绍了具体实例"我的酷站"项目的前期策划。重点介绍了网站建设前期网站逻辑结构的确定、网站界面原型设计的主要内容等，同时介绍了撰写项目策划书的方法和内容。此外，一个网站建设的成功与否与建站前的网站策划有着极为重要的关系。只有在前期经过详细的策划，才能避免后期在网站建设中出现很多问题，使网站建设能顺利进行。

【项目训练】

为您目前正在开发的网站做一个前期策划，并撰写网站的项目策划方案。

项目 3   "我的酷站"前期准备

前面我们已经完成了"我的酷站"项目的前期策划,对网站的总体设计也已经非常了解,接下来要利用 Photoshop 和 Flash 这两个软件,来实现网站的 LOGO 设计、网站图片的加工处理、网站首页及子页的效果图设计与裁切、动画的制作,为"我的酷站"做好前期的素材准备工作。

3.1   设计网站 LOGO

【项目引入】

在制作网站的过程中除了需要对图片进行加工处理,还需要一些设计创作。比如网站的标志,它将具体的事物、事件、场景和抽象的精神、理念、方向通过特殊的图形固定下来,使人们在看到 LOGO 的同时自然地产生联想,从而对企业产生认同感。它是站点特色和内涵的集中体现。一个好的 LOGO 设计应该是网站文化的浓缩,它直接关系着一个网站乃至一个公司的形象。

【项目展示】

"我的酷站"网站的 LOGO 设计效果如图 3.1 所示。

【项目实施】

图 3.1 "我的酷站"网站的 LOGO

3.1.1 了解 LOGO 的作用和意义

LOGO 在传达企业对内对外的精神和文化理念方面均起着举足轻重的作用。可以用来设计网站 LOGO 的工具主要有 Photoshop、CorelDRAW、Illustrator、Flash 等。

1) LOGO 应具有代表性的寓意

苹果公司的 LOGO 是全球最有名的 LOGO 之一。

苹果公司的第一个标志:是牛顿坐在苹果树下读书的一个图案,上下有飘带缠绕,写着 Apple Computer Co. 字样。

苹果公司的第二个标志:是一个环绕彩虹的苹果图案。1977～1997 年期间,苹果公司一直使用这一标志。

苹果公司的第三个标志：1998 年,苹果公司又更换了标志,将原有的彩色苹果换成了一个半透明的、泛着金属光泽的银灰色标志。

苹果公司的第四个标志：这个 LOGO 大家肯定很熟悉了,苹果手机每次开机都会在屏幕上出现这个富有透明效果的苹果商标。

苹果公司的第五个标志：采用了更具有科技感,扁平化的设计。

苹果公司 LOGO 的具体演变过程如图 3.2 所示。

图 3.2 苹果公司 LOGO 的演变

2）LOGO 的用色能表达品牌特性

一个好的 LOGO 应该有能够表达企业特性的色彩。

如图 3.3 所示,为美国两家著名企业的 LO-GO,都是以大量的字母为基础造型,但给观者带来的感觉却是截然不同的,色彩的运用起到了很重要的作用。

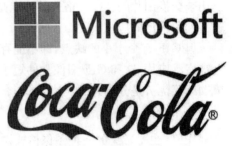

图 3.3 LOGO 字体

在当今这个色彩扮演的角色越来越重要的时代,涌现出大量色彩丰富绚烂的优质 LOGO。搭配协调的多种颜色的组合能够给观者更加强烈的思维记忆和视觉记忆。但是,若非有一定的色彩驾驭能力,则只会让画面显得杂乱、烦躁、眼花。

绝大部分企业偏爱选用蓝色,其中一些企业还因为自己的 LOGO 颜色而从消费者中得到了有趣的昵称,"蓝色巨人"(Big Blue)IBM 就是一个典型的例子。蓝色给人一种安全和冷静的印象,许多银行业和保险业品牌大多采用了蓝色 LOGO,因为它们的品牌精髓就是要能够突出"信任"与"可靠性",纵观国内和国外的企业,会发现主宰 LOGO 颜色的还是蓝色。

除去蓝色,红色是第二大用色。在中国人的观念里,红色代表吉祥,同时也代表着挑战。黄色是仅次于红色,排在第三的主要用色,多被用在餐饮企业 LOGO 中。

3）LOGO 的字体能反映品牌定位

字体的选择及设计在 LOGO 的设计制作中是非常重要的一个部分,不管是以字体为造型的 LOGO,还是字体为辅助图形的 LOGO。

比如图 3.3 中,微软的 LOGO 中粗壮浑厚的黑体给观者的感觉就是成熟、稳重、严谨；可口可乐 LOGO 的字体则飘逸、圆润、活跃、跳动,这些字体设计的元素让可口可乐 LOGO 醒目且能体现产品特点。

4）LOGO 设计常用技巧

网站 LOGO 设计过程中要注重比例、对比、复制等技巧。比例最重要的原则是遵循客观规律,文字比例要使得其易读,图形比例要使得它不会变形而且特色突出。最著名的比例规则就是"黄金分割",其比值约为 1∶0.618。

比例常常针对尺寸大小,而对比则可以针对万事万物,如颜色、大小、形状、字体、纹理等。对比突出的并不是组件本身,而是组件彼此的关系与它们要传达的交互信息。

跟对比强调组件的联系一样,复制并不是旨在突出组件的鲜明,而是用以强调一种发展趋向,一种变化顺序。复制物件最好按照一种线性流程进行定位,或者是直线,或者是曲线,或者是一种较为复杂的交互线程。

3.1.2 介绍网站常用图片格式

美观的图片会为网站添加新的活力,给用户带来更直观的感受。网站常用的图片格式有 GIF、JPEG、PNG 等。

1) GIF 格式

GIF 是英文 Graphics Interchange Format(图形交换格式)的缩写。顾名思义,这种格式是用来交换图片的。GIF 格式的特点是压缩比高,磁盘空间占用较少,所以这种图像格式迅速得到了广泛的应用。

但 GIF 有个小小的缺点,即不能存储超过 256 色的图像。尽管如此,这种格式仍在网络上被广泛应用,这和 GIF 图像文件短小、下载速度快、可用许多具有同样大小的图像文件组成动画等优势是分不开的。

2) JPEG 格式

JPEG 也是常见的一种图像格式。JPEG 文件的扩展名为.jpg 或.jpeg,其压缩技术十分先进,它用有损压缩方式去除冗余的图像和彩色数据,在获得极高的压缩率的同时还能展现十分丰富生动的图像,换句话说,就是可以用最少的磁盘空间得到较好的图像。

JPEG 还是一种很灵活的格式,具有调节图像质量的功能,允许用不同的压缩比例对文件进行压缩。

由于 JPEG 优异的品质和杰出的表现,它的应用也非常广泛,特别是在网络和光盘读物上,都能找到它的影子。目前,各类浏览器均支持 JPEG 这种图像格式,因为 JPEG 格式的文件尺寸较小,下载速度快,使得 Web 页有可能以较短的下载时间提供大量美观的图像,JPEG 同时也就顺理成章地成为网络上最受欢迎的图像格式。

3) PNG 格式

PNG 是英文 Portable Network Graphics(可移植网络形格式)的缩写,是网页中的通用格式,最多可以支持 32 位的颜色,可以包含透明度或 ALPHA 通道。

PNG 是目前能保证最不失真的格式,它汲取了 GIF 和 JPG 二者的优点,存储形式丰富,兼有 GIF 和 JPG 的色彩模式;它的另一个特点是能把图像文件压缩到极限以利于网络传输,但又能保留所有与图像品质有关的信息,因为 PNG 是采用无损压缩方式来减少文件的大小的,这一点与牺牲图像品质以换取高压缩率的 JPG 有所不同;它的第三个特点是显示速度很快,只需下载 1/64 的图像信息就可以显示出低分辨率的预览图像;第四,PNG 同样支持透明图像的制作,透明图像在制作网页图像的时候很有用,可以把图像背景设为透明,用网页本身的颜色信息来代替设为透明的色彩,这样可让图像和网页背景很和谐地融合在一起。

3.1.3 新建文档

启动 Photoshop 后并未新建或打开一个图像文件,这时需要新建文档,具体操作步骤如下。

(1) 选择"文件"|"新建"菜单命令,打开"新建"对话框,如图 3.4 所示。

图 3.4 "新建"对话框

(2) 为该图像文件命名,在"名称"文本框中输入"LOGO"。

(3) 以像素为单位输入画布的宽度"280"和高度"120"。

(4) 以像素/英寸为单位输入分辨率"72"。

(5) 为画布背景内容选择"透明"。

(6) 单击"确定"按钮创建文档。

提示:如果设计的图像用于打印,需要将分辨率设置成 300 像素/英寸以上,颜色模式设置为"CMYK 颜色"。

3.1.4 制作 LOGO

1)设置参考线

在"视图"菜单中选择"标尺(Ctrl+R)"命令,用右键单击水平或垂直标尺,将单位更改为"像素",在工具箱中选择"移动工具 ",分别从水平和垂直标尺上拖曳出水平和垂直参考线,调整参考线到水平和垂直居中的位置,如图 3.5 所示。

2)导入图片

(1) 使用 Photoshop 打开"酷图. png"文件,如图 3.6 所示,默认文档窗口是合并显示的,单击"窗口"菜单,找到"排列"按钮,在下拉列表中单击"双联垂直",如图 3.7 所示。

图 3.5 参考线的设置

图 3.6　使用 Photoshop 打开文件　　　　　图 3.7　排列文档

（2）单击"移动工具"按钮，将"酷图"拖曳至"LOGO.psd"文档窗口中，自动生成新图层"图层 2"，将"图层 2"重命名为"酷"，以参考线为基准，调整"酷图"至文档窗口中水平和垂直均居中的位置，如图 3.8 所示。

图 3.8　导入图片之后的界面

3）添加网站名称

（1）在工具箱中选择横排文字工具，在选项栏上设置"字体"为"时尚中黑简体"，"字体颜色"为"#6179ac"，"字体大小"为"36"，然后单击画布，输入网站中文名称"我的站"，在"的"后添加 3 个空格，以留出空位给"E 图"，调整文字至合适位置，如图 3.9 所示。

提示：特殊字体需要安装相应的字体库后才可使用，可到字体网站上下载字体文件，复制到"控制面板"中的"字体"文件夹中。

图 3.9　添加网站名称

（2）双击文字图层，如图 3.10 所示，在选项栏中单击"切换字符和段落面板"按钮，在"字符"选项卡中单击"仿粗体"按钮，如图 3.11 所示。

最终的 LOGO 制作效果如图 3.12 所示。

图 3.10　文字图层

图 3.11　"字符"选项卡

图 3.12　LOGO 完成效果

3.1.5 保存文档

完成 LOGO 的设计制作后千万不要忘记保存劳动成果,按"Ctrl+S"组合键可以保存当前文档,默认格式为 PSD。如需保存为其他类型文件,可以选择"文件"菜单中的"存储为…"命令,在弹出的"存储为"对话框中选择保存在"桌面",格式为"PNG",输入文件名为"LOGO",最后单击"保存"按钮,如图 3.13 所示。

图 3.13 "存储为"对话框

提示:PSD 文件是 Photoshop 的源文件类型,以后可以很方便地再次修改编辑。支持透明背景的图片格式有 GIF 和 PNG,建议保存为 PNG 格式。GIF 不支持半透明,只有透明和不透明两种状态。PNG 格式可以支持半透明,但用在网页上,IE6 及以下版本 IE 不支持PNG 格式图片的透明性。

【归纳总结】

LOGO 可以体现网站的主题,好的 LOGO 可以让人记忆深刻。LOGO 中可以只有图形,也可以有特殊的文字及其他的一些元素。通过"我的酷站"网站 LOGO 的制作,能够根据网站的主题自主设计 LOGO,并熟练使用 Photoshop 软件将 LOGO 制作出来。

【项目训练】

设计具有特色的个人网站的 LOGO:

(1) 在组内展示并阐述自己创作 LOGO 的设计思想,最终选出一个较好的设计留用。

(2) 将选出的 LOGO 设计发布到 QQ 空间,征求多方面的意见,并继续对 LOGO 进行修改完善。

 3.2 美化图像素材

【项目引入】

前面已经撰写好了网站建设策划书,也收集了很多相关素材,其中有很大一部分就是图片。以文字为主的网页文档看起来枯燥而空洞,利用图片可以制作出更具有魅力的网页。但是通过各种渠道收集来的图片大小、色彩各异,怎样才能将它们与网页和谐地融为一体,为网页增添魅力呢?这就需要对这些图片进行处理。

图形图像处理是进行网页设计必不可少的一个重要环节,图形图像处理主要包括图像的颜色调整、图像合成、图片装饰、数码照片处理等。

【项目展示】

1) 调整图像属性

亮度/对比度调整前后的效果如图 3.14 所示。

（处理前）　　　　　　　　　　　（处理后）

图 3.14　亮度/对比度调整

色相/饱和度调整前后的效果如图 3.15 所示。

（处理前）　　　　　　　　　　　（处理后）

图 3.15　色相/饱和度调整

色阶调整前后的效果如图 3.16 所示。

（处理前）   （处理后）

图 3.16 色阶调整

2）美化加工图像

魔棒工具可以改变图像的背景颜色，前后的效果如图 3.17 所示。

（处理前）   （处理后）

图 3.17 魔棒工具改变图像背景

使用钢笔工具抠图前后的效果如图 3.18 所示。

（处理前）　　　　　　　　　　　　　　（处理后）

图 3.18　钢笔工具抠图

使用图层蒙版合成图像的效果如图 3.19 所示。

图 3.19　图层蒙版合成图像

3）应用特殊文字

应用特殊文字的效果如图3.20所示。

图 3.20　特殊文字效果

【项目实施】

➡ **3.2.1　批量处理图像**

Photoshop 中的"动作"，是一项非常实用、便捷、强大的批量图像处理的功能，可以减少许多操作，大大降低了工作的重复度。例如，在转换百张图像的格式时，用户无须一一进行操作，只需对这些图像文件应用一个设置好的动作，即可一次性完成对所有图像文件的相同操作。

Photoshop 提供了许多现成的动作以提高操作人员的工作效率，"动作"面板如图3.21所示，但在大多数情况下，操作人员仍然需要自己录制大量新的动作来满足不同的需要。

1）打开"动作"面板

"动作"面板是建立、编辑和执行动作的主要场所。在该面板中可以记录、播放、编辑或删除单个动作，也可以存储和载入动作文件。

选择"窗口"菜单中的"动作（Alt＋F9）"命令，打开"动作"面板。

（1）切换对话开/关图标：当面板中出现该图标时，动作执行到该步将暂停。

（2）切换项目开/关图标：可设置允许/禁止执行动作组的动作、选定的部分动作或动作中的命令。

（3）创建新动作按钮图标：单击该按钮，在弹出对话框中单击"记录"按钮，即可创建动作。

图 3.21　"动作"面板

（4）创建新组按钮图标：单击该按钮，可以创建一个新的动作组。

（5）开始记录按钮图标：单击该按钮，可以开始录制动作。

（6）播放选定的动作按钮图标：单击该按钮，可以播放当前选择的动作。

（7）停止播放/记录按钮图标：该按钮只有在记录或播放动作时才可以使用，单击该按钮，可以停止当前的记录/播放等操作。

2）创建新动作

在"动作"面板底部单击"创建新组"按钮，弹出"新建组"对话框，在"名称"文本框中输入"我的动作"，如图3.22所示，单击"确定"按钮。

图 3.22　"新建组"对话框

在"我的动作"组下单击"创建新动作"按钮,弹出"新建动作"对话框,在"名称"文本框中输入"改变图片大小",如图 3.23 所示,单击"记录"按钮后,接下来的操作就会被录制,如图 3.24 所示。

图 3.23　"新建动作"对话框

图 3.24　"动作"记录状态

图 3.25　记录完成后的"动作"面板

3) 记录动作

选择"文件"菜单中的"打开..."命令,弹出"打开"对话框,在"before"文件夹中打开一张图片,在"图像"下拉菜单中选择"图像大小...",在对话框中输入宽度为"150",高度为"50",选择"文件"菜单中的"存储为..."命令,弹出"存储为"对话框,将修改图像大小后的图片存储在"after"文件夹中,最后关闭这张图片,在"动作"面板中单击"停止播放/记录"按钮,最终"动作"面板中显示的操作步骤如图 3.25 所示。

4）使用批处理

单独使用"动作"功能尚不足以充分显示其优点，将"动作"与"批处理"命令结合起来使用，则能够成倍放大动作的威力。依次选择"文件"|"自动"|"批处理"菜单命令，在"批处理"对话框的"组"中选择"我的动作"，"动作"选择"改变图片大小"，"源"选择"文件夹"，单击"选择..."按钮选中要改变图片大小的文件夹"before"，勾选"覆盖动作中的'打开'命令"复选框，然后单击"确定"按钮，如图 3.26 所示。"before"文件夹中的图片就全部改变了图像大小。

图 3.26 "批处理"对话框

提示：

（1）批量修改之前千万记得先备份。

（2）不要执行太多图片或过于复杂的修改。

3.2.2 调整图像属性

1）调整亮度/对比度

可以使用"亮度/对比度"功能修改图像中像素的对比度或亮度，这将影响图像的高亮、阴影和中间色调。校正太暗或太亮的图像时通常使用"亮度/对比度"，如图 3.27 所示。

图 3.27 原始图像和经过亮度调整后的图像

若要调整亮度或对比度,步骤如下:

(1) 在 Photoshop 软件中打开需要调整的图像。

(2) 选中图像所在的图层,在图层面板中单击"创建新的填充或调整图层"按钮,如图 3.28 所示,选择"亮度/对比度..."命令。

(3) 在"调整"选项卡中勾选"使用旧版"复选框,将"亮度"和"对比度"滑块分别移到 70 和 60 处,如图 3.29 所示。

提示:调整图像属性时不要在原图层上直接修改,推荐使用调整图层或复制图层后再修改。

图 3.28　创建新的填充或调整图层

图 3.29　"调整"面板设置"亮度/对比度"

2) 调整色相/饱和度

可以使用"色相/饱和度"功能调整图像中颜色的阴影、色相、强度、饱和度及亮度,对比图如图 3.30 所示。

图 3.30　原始图像和调整了色相、饱和度的图像

若要调整色相或饱和度,步骤如下:

(1) 在 Photoshop 软件中打开需要调整的图像。

(2) 选中图像所在的图层,在图层面板中单击"创建新的填充或调整图层"按钮,选择"色相/饱和度..."命令。

(3) 将"色相"和"饱和度"滑块分别移到 -60 和 +10 处,如图 3.31 所示。

图 3.31　"调整"面板设置"色相/饱和度"

3) 使用"色阶"功能

一个有完整色调范围的位图,其像素应该平均分布在所有区域内。可以使用"色阶"功能校正像素高度中在高亮、中间色调或阴影部分的位图,对比图如图 3.32 所示。

图 3.32　像素集中在暗部区域的原始图像和用"色阶"调整后的图像

"色阶"功能把最暗像素设置为黑色,最亮像素设置为白色,然后按比例重新分配中间色调。这就产生了一个所有像素中的细节都描绘得很详细的图像。

使用"色阶"中的"色调分布图"可以查看位图中的像素分布。"色调分布图"是像素在高亮、中间色调和阴影部分分布情况的图形表示。

"色调分布图"可以帮助确定最佳的图像色调范围校正方法。像素高度集中在阴影或高亮部分时可以应用"色阶"或"曲线"功能来改善图像。

水平轴显示了从最暗(0)到最亮(255)的颜色值。水平轴从左到右来读,较暗的像素在左边,中间色调像素在中间,较亮的像素在右边。

垂直轴代表每个亮度级的像素数目。通常应先调整高亮和阴影,然后再调整中间色调,这样就可以在不影响高亮和阴影的情况下改善中间色调的亮度值。

若要调整高亮、中间色调和阴影,步骤如下:

(1) 在 Photoshop 软件中打开需要调整的图像。

(2) 选中图像所在的图层,在图层面板中单击"创建新的填充或调整图层"按钮,选择"色阶"命令。

(3) 分别向左拖动高光滑块和中间色调滑块至 210 和 1.2 处,如图 3.33 所示。

4) 使用"曲线"功能

"曲线"功能同"色阶"功能相似,只是它对色调范围的控制更精确一些。"色阶"利用高亮、中间色调和阴影来校正色调范围;而"曲线"则可在不影响其他颜色的情况下,在色调范围内调整任何颜色,而不仅仅是三个变量。例如,可以使用"曲线"来校正由于光线条件引起的色偏。

"曲线"对话框中的网格阐明两种亮度值:"水平轴"表示像素的原始亮度,该值显示在"输入"框中;"垂直轴"表示新的亮度值,该值显示在"输出"框中。

当第一次打开"曲线"对话框时,对角线指示尚未做任何更改,所以所有像素的输入值和输出值都是一样的。

若要在色调范围内调整特定的点,步骤如下:

(1) 在 Photoshop 软件中打开需要调整的图像。

(2) 选中图像所在的图层,在图层面板中单击"创建新的填充或调整图层"按钮,选择"曲线..."命令。

(3) 把曲线的"默认值"更改为"线性对比度",如图 3.34 所示。

图 3.33 "调整"面板设置"色阶"

图 3.34 "调整"面板设置"曲线"

3.2.3 美化加工图像

1) 改变图像的背景颜色

在网页设计制作过程中,使用 Photoshop 软件来美化加工图像,最常做的是改变图像的背景颜色或者把背景变透明。将背景变透明的具体操作步骤如下:

(1) 在 Photoshop 软件中打开需要改变背景颜色的图像。

(2) 复制"背景"图层(图3.35),隐藏"背景"图层,接下来的操作均在"图层1"中完成,如图 3.35 所示。

(3) 选中"图层1",在工具箱中单击"魔棒工具"按钮,在选项栏上设置容差为"20",勾选"消除锯齿"和"连续"复选框。

(4) 在画布上单击白色背景,观察选中的范围是否合适,如不合适可以调整容差值后再次使用"魔棒工具"

(5) 按"Delete"键可去除背景,使图像背景变透明,按"Ctrl+D"组合键可以取消选区,如图 3.36 所示。

图 3.35 复制图层

图 3.36 去除背景后的图像

(6) 选择"文件"|"存储为 Web 和设备所用格式..."命令,在弹出的对话框中选择优化的文件格式为"PNG—24"并勾选"透明"选项,单击"存储"按钮保存图片。

提示:如果图像是 GIF 格式的,建议先把它转换成 PNG 格式。

如需要改变图像的背景色,则需要在去除图像背景色至透明的基础上,做如下操作。

(1) 选中"背景"图层,单击图层面板底部的"创建新图层"按钮,在"背景"层上方新建图层"图层2",如图 3.37 所示。

(2) 单击工具箱中的"油漆桶工具"按钮,设置"前景色"为要更改的背景色。

(3) 选中"图层2",在画布上单击填充前景色,更改背景色后的图像,如图 3.38 所示。

图 3.37 新建图层图

图 3.38 更改背景后的图像

2) 使用钢笔工具抠图

在网页设计过程中抠图是经常要用到的操作。当背景是纯色时,使用"魔棒工具",设置"容差"可以快速将背景选出,当主体与背景没有明显色差,但有清晰的边缘时,用钢笔工具可绘制出具有最高精度的主体边缘,如图 3.39 所示,钢笔是一种功能强大、非常有用的抠图工具。

图 3.39 抠图前后的图像效果

使用钢笔抠图的具体操作步骤如下。

(1) 在 Photoshop 软件中打开需要抠图的图像;

(2) 复制"背景"图层,隐藏"背景"图层,接下来的操作均在"图层 1"中完成。

(3) 选中"图层 1",在工具箱中单击"钢笔工具"按钮,放大视图,使用"抓手工具"将图像移至合适位置。

(4) 选择"钢笔工具"后,在选项栏中单击"路径"按钮,如图 3.40 所示,鼠标变成带有 x 号的钢笔,使用后 x 号消失。沿着主体边缘不断地单击鼠标左键,产生的点(锚点)之间以直线相连。

图 3.40 钢笔选项栏"路径"

(5) 单击边缘时朝前进方向拖动,会在锚点处产生双向方向线,改变方向线的长短和方向,就能画出曲线。

(6) 方向线末端的点为手柄,按住"Alt"键,拖动手柄可以改变方向线的方向和长度,从而改变曲线的形状;按住"Ctrl"键,拖动锚点,可以改变锚点的位置。

（7）首尾锚点闭合时，钢笔符号旁会变成"o"，最后的单击便产生一条闭合路径。如果再单击右键，在出现的菜单上选择建立选区项，可将闭合路径转化成选区。

（8）将选区内图像通过按"Ctrl＋J"组合键生成新图层，如图 3.41 所示。

图 3.41　复制选区到新图层

3）使用图层蒙版合成图像

制作网站 Banner(横幅广告)时，经常会使用到多张图片，由于图片边缘比较整齐，合成到一起过渡不自然，需要使用图层蒙版来合成图像，如图 3.42 和图 3.43 所示。

图 3.42　使用蒙版前效果　　　　　　　图 3.43　使用蒙版后效果

使用图层蒙版来合成图像的具体操作步骤如下：

（1）在 Photoshop 软件中同时打开多张图像，选择合适的"排列文档"方式，使用"移动工具"将多张图像拖动至一个文档窗口中。

（2）选择"图像"|"画布大小…"菜单命令，在弹出的"画布大小"对话框中改变画布大小，使当前文档的宽度扩大。勾选"相对"复选框，调整"定位"，在宽度设置框中，输入"200"，

如图 3.44 所示,单击"确定"按钮。

(3) 移动图层对象至画布合适位置,选中"图层 1",单击图层面板底部的"添加矢量蒙版"按钮。

(4) 在工具箱中单击"渐变工具"按钮,打开"渐变编辑器"对话框,将渐变由不透明度为100%的黑色渐变到不透明度为 0%的黑色,如图 3.45 所示。

图 3.44 "画布大小"对话框

图 3.45 "渐变编辑器"对话框

(5) 在"图层 2"的图层蒙版上使用该渐变,使左侧为黑色,边缘处为半透明的黑色,右侧为白色,如图 3.46 所示。

图 3.46 图层蒙版

提示:图层蒙版通过黑、白、灰来控制图层的局部或整体透明度状态。添加蒙版后,蒙版默认的颜色为白色,白色区域为不透明,黑色区域为完全透明,灰色区域则表现为半透明。

3.2.4 添加文字

网页设计过程中,对标题或需要突出显示的文字会做特殊处理。如使用特殊字体、描边、渐变叠加、投影等。现以图 3.47 的效果为例,介绍相关操作步骤。

图 3.47 文字图层样式应用效果

(1)在控制面板的"字体"文件夹中安装"方正正黑简体"字体。

(2)单击工具箱中的"横排文字工具"按钮,设置前景色为白色,输入相关文字。

(3)单击图层面板底部的"添加图层样式"按钮,选择"渐变叠加..."命令,在"渐变编辑器"对话框中设置渐变色,如图 3.48 所示。

图 3.48 "渐变编辑器"对话框设置渐变色

(4)单击图层面板底部的"添加图层样式"按钮,选择"描边...",在"图层样式"对话框中设置描边颜色、大小和不透明度,如图 3.49 所示。

图 3.49 "图层样式"对话框中的"描边"设置

（5）单击图层面板底部的"添加图层样式"按钮，选择"投影..."命令，在"图层样式"对话框中设置投影角度、距离、扩展、大小和不透明度，如图 3.50 所示。

图 3.50 "图层样式"对话框中的"投影"设置

【归纳总结】

图形图像处理是进行网页设计必不可少的一个重要环节，对网页中需要用到的图像必须进行必要的加工处理。通过本项目任务的学习，应该学会建设网站经常用到的处理图像的方式,如统一规格、调整颜色、运用样式,及实现图像的特效等,使图像能够直观、真实地表现网页中的内容,起到很好的装饰效果,给人以耳目一新、印象深刻的感觉。

【项目训练】

根据本组承接的小型商业网站的定位、分工对网站中需要用到的图片进行处理,并保存到素材文件夹中备用。

 # 3.3　设计制作网站界面

【项目引入】

网页的界面是整个网站的门面,好的门面会吸引越来越多的访问者,因此网页界面设计也就显得非常重要。网页的界面设计主要包括首页和子页的设计,其中首页的设计最为重要。

网页界面的设计包括色彩、布局等多方面的元素。在子项目2中的项目策划阶段已经把"我的酷站"的网页界面的框架描绘出来。现在要做的就是根据策划书中的框架结构及色彩等的要求,使用 Photoshop 软件进行创作。

【项目展示】

本实例中的首页包括 LOGO、导航、Banner、会员登录、网站建设应遵循的原则、网站体验、网站小护士、体检网站排行榜、他们正在使用、酷站日志、帮助信息及版权等几个部分,最终完成的效果如图 3.51 所示。

图 3.51　首页界面设计图

【项目实施】

3.3.1 设置页面大小

页面大小的设置主要考虑宽度,因为尽量不要在浏览器中出现横向的滚动条,根据设计的页面主要针对的屏幕分辨率,去除浏览器边栏的宽度和滚动条的宽度,可以计算出页面的最佳宽度。以显示器 1024 像素×768 像素的分辨率为例,网页最佳宽度为 1002 像素以内,如果需要满屏显示,高度在 612 像素至 615 像素之间,这样就不会出现水平滚动条和垂直滚动条。

(1)打开 Photoshop 软件,选择"文件"|"新建"菜单命令。在"新建"文档对话框中设置宽度为"1400 像素"、高度为"1600 像素"。对于网页来说,一般只用于屏幕显示,所以分辨率为"72 像素/英寸"、背景内容设置为"白色",如图 3.52 所示。

图 3.52 "新建"对话框

提示:页面长度原则上不超过 3 屏,宽度不超过 1 屏。在新建设计文档时,设置宽度和高度时,值可适当增大,使用参考线确保内容在规定宽度内,这样显示整体页面效果时可兼顾宽屏的显示效果。

(2)双击工具箱中的"缩放工具"按钮,使画布按 100% 的视图比例显示,此时的效果如图 3.53 所示。

3.3.2 规划首页内容

浏览网站的主要目的是获取有用信息,因此网站的内容至关重要,用户会因为网页生动有趣的设计效果感到愉悦,而翔实的页面内容则会吸引用户。根据网站的建站目的和主题,合理规划网页内容。

网页内容规划不可或缺的部分一般有 LOGO、导航、内容块、页脚和留白等,留白是最容易被遗忘的部分,初学者往往喜欢把页面排得满满当当的,却起不到很好的效果,这里需要强调的是设计中的一条重要原则:少即是多(Less is more)。

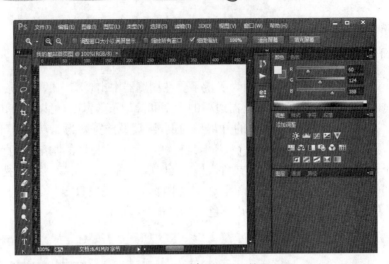

图 3.53　100%视图显示效果

　　在具体规划内容时,可以使用便笺纸将首页上想放置的内容写下来,如 LOGO、导航、介绍等,然后根据主次关系把不需要的部分删掉。

　　根据子项目 2 中撰写的"我的酷站"项目策划书,可以得到首页规划的具体内容:LO-GO、导航、内容块(Banner、会员登录、网站建设原则、网站营销模式、体检网站排行榜、他们正在使用、酷站日志、帮助信息),以及版权等几个部分。

3.3.3　设计首页版式

　　在设计页面草稿图时应该同时考虑每个模块打算放什么内容,占多大比例等,比例可以参考 1/3 法则(简化的黄金比例)来分配每个模块。下面我们要为一个 950 像素宽度布局中的页面来设计栏目,根据黄金比例原则,可以这样设计:这样的 Web 布局具有一定的平衡感,整个页面也比较和谐,如图 3.54 所示。

图 3.54　排版样式

使用参考线与标尺在 Photoshop 中确定页面各模块的比例。页面布局好以后还要确定整个网站风格及配色方案,然后确定各模块的具体内容,整体还需要考虑平衡要素、布局的对称、颜色的对比、内容的对齐等,还需要关注网页设计趋势。

在 Photoshop 中使用参考线对页面进行划分,分成上部、中部、底部,中部又分成左、中、右三部分,效果如图 3.55 所示。

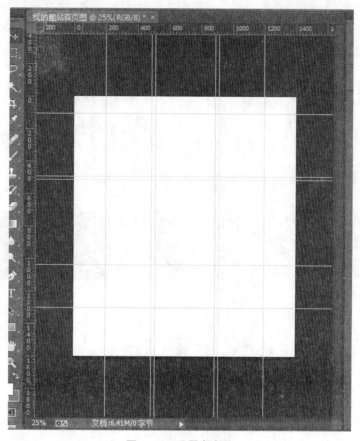

图 3.55 设置参考线

3.3.4 确定配色方案

在色彩设计应用中,我们对颜色不同程度的理解,会影响到设计页面的表现。因此,熟练地运用色彩搭配,设计时会达到事半功倍。一个优秀的设计作品,它的色彩搭配必定和谐得体,令人赏心悦目。反思我们在设计过程中,怎样的色彩搭配更容易达到设计目的,又是什么影响了我们的配色思维呢?

以下几点常会影响色彩搭配思维:

(1) 仅关注色彩表象。

(2) 搭配方法不够系统。

(3) 色彩与构成掌握不到位。

首先,我们简单理解一下色相和色调的概念(图 3.56):

什么是色相

色相是色彩的首要特征,简单来说就是眼睛对不同光线波射线产生不同的感受,我们生活中所看到的红色、黑色都是色相的一种。

什么是色调

色调是指色彩浓淡、强弱程度,是通过色彩的明度和纯度综合表现的色彩状态概念。色调不是指颜色的性质,而是对画面的整体颜色的概括评价。

图 3.56　色相与色调的含义

接下来我们按 3 个大类的配色方法,结合一些案例,分析色彩在页面中的应用手法。(图 3.57)

图 3.57　三大类配色方法

1) 有主导色调的配色

这是由一种色相构成的统一性配色,即由某一种色相支配、统一画面的配色。如果不是同一种色相,色环上相邻的类似色也可以形成相近的配色效果。当然,也有一些色相差距较大的做法,比如撞色的对比,或者有无色彩的对比,但这里先讲述带主导色的配色案例。

(1) 同色系配色

同色系配色是指主色和辅色都在同一色相上,这种配色方法往往会给人页面很一致化的感受。

如图 3.58 所示,为美国知名社交网站 Twitter(推特)的主页及其配色方案。整体蓝色设计带来统一印象,颜色的深浅分别承载不同类型的内容信息,比如信息内容模块,白色底代表用户内容,浅蓝色底代表回复内容,更深一点的蓝色底代表可回复操作。在整个页面中,颜色主导着信息层次,也保持了 Twitter 的品牌形象。

观点:通过颜色差可以分割页面层次和模块,也可以区分不同功能任务属性。

（a）网页

品牌色　　　主导色　　　辅色

（b）配色

图 3.58　Twitter 的网站首页及其配色方案

（2）邻近色配色

近邻色配色方法比较常见，其搭配比同色系稍微丰富，色相柔和过渡看起来也很和谐。如图 3.59 展示的是 ALIDP 网站的首页及其配色方案。

（a）网页

（b）配色

图 3.59　ALIDP 的网站首页及其配色方案

纯度高的色彩基本用于组控件和文本标题颜色,各控件采用邻近色使页面不那么单调,再把色彩饱和度降低用于不同背景色和模块划分。

观点:基于品牌色的邻近色可灵活运用到各类控件中。

（3）类似色配色

类似色配色也是常用的配色方法,其对比度不强,给人色感平静、调和的感觉。

如图 3.60 所示为 BENMAPT 网站的主页及配色方案。它采用红黄双色主导页面,色彩基本用于不同组控件表现,红色用于导航控件、按钮和图标,同时也作辅助元素的主色。选用偏橙的黄色作为品牌色,用于内容标签和背景搭配。

（a）网页

（b）配色

图 3.60　BENMAPT 的网站首页及其配色方案

观点:基于品牌色的类似色运用,有主次地用到页面各类控件和主体内容中。

（4）中差色配色

中差色对比相对突出,色彩对比明快,容易呈现饱和度高的色彩。

如图 3.61 所示为 Facebook 上的个人网页及其配色方案。它采用颜色的深浅来营造空间感,也辅助了内容模块的层次之分。运用统一的深蓝色系传播品牌形象。按钮采用中间色绿色,起到丰富页面色彩的作用,同时也突出绿色按钮任务层级为最高。深蓝色吊顶导航打通了整个网站的路径,并有引导用户向下阅读之意。

（a）网页

品牌色　　　主导色　　　辅色　　　中间色

（b）配色

图 3.61　Facebook 的网页及其配色方案

观点：利用色彩对比突出按钮任务优先级，增加页面气氛。

（5）对比色配色

主导的对比配色需要精准地控制色彩搭配和面积，其中主导色会带动页面气氛，产生激烈的心理感受。

（a）网页 1

(b) 网页 2

(c) 配色

图 3.62 You Tube 的网页及其配色方案

红色的热闹体现网站内容的丰富多彩,品牌红色赋予组控件色彩和可操作任务,既贯穿整个站点的可操作提示,又能体现品牌形象。红色多代表导航指引和类目分类,蓝色代表登录按钮、默认用户头像和标题,展示用户所产生的内容信息。

观点:红蓝色反映不同的交互和信息的可操作性,可明确区分系统操作和用户操作。

(6) 中性色配色

用一些中性的色彩作为基调搭配,常应用在信息量大的网站,突出内容,使其不会受到不必要的色彩干扰。这种配色比较通用,非常经典。

如图 3.63 所示为著名的设计社区 Behance 的网页及其配色方案,它用黑色突出网站导航和内容模块的区分,品牌色蓝色主要用于可点击的操作控件,包括用户名称、内容标题。相较于大片使用品牌色的手法,更能突出内容和信息,适合以内容为王的通用化、平台类站点。

观点:利用大面积中性色作为主导色,品牌色在这里起到画龙点睛的作用,用于一些需要重点突出的场景,强调交互的状态等。

(a) 网页 1

（b）网页 2

（c）配色

图 3.63 Behance 的网页及其配色方案

（7）多色搭配下的主导

主色和其他搭配色之间的关系会更丰富,可能有类似色、中差色、对比色等搭配方式,但其中某种色彩会占主导。

如图 3.64 所示,对于具有丰富产品线的谷歌来说,将 4 种品牌色按照一定的纯度比组合,再加上无色彩黑白灰,能搭配出千变万化的配色方案,让品牌极具统一感。在大部分页面,蓝色会充当主导色,其他 3 色作辅色并设定不同的任务属性,黑白灰多作为辅助色,对于平台类站点来说,多色主导有非常好的延展性。

观点:谷歌设置了 4 种品牌色,将其主次分明、比例合理地应用在界面中,并通过组控件不同的交互状态合理分配功能任务。

（a）网页 1

(b) 网页 2

品牌色　　　　　　　主导色　辅色

(c) 配色

图 3.64　Google 的网页及其配色方案

2) 色调调和而形成的配色方式

(1) 有主导色调配色

这是由同一色调构成的统一性配色。深色调和暗色调等类似色调搭配也可以形成同样的配色效果。即使出现多种色相,只要保持色调一致,画面也能呈现整体统一性。

① 清澈色调

清澈调子使页面非常和谐,即使是不同色相形同色调的配色能让页面保持较高的协调度。如图 3.65 所示为名为 Shotfolio 的网站页面及其配色方案,其主色调蓝色可令页面产生安静冰冷的气氛,茶色让我们想起大地泥土的厚实,给页面增加了稳定踏实感觉,同时暖和蓝色的冰冷。

(a) 网页

（b）配色

图 3.65　Shotfolio 的网页及其配色方案

观点：互补的色相搭配在一起，通过统一色调的手法，可以缓和色彩之间的对比效果。

② 阴暗色调

阴暗的色调可渲染场景氛围，通过不同色相的色彩变化可丰富信息分类，降低色彩饱和度，使各色块协调并融入场景。如图 3.66 所示案例，该网页将白色和明亮的青绿色作为信息载体呈现。

观点：多色彩经过统一色调处理，区域间非常协调，也不影响整体页面阴暗气氛表现。

（a）网页

（b）配色

图 3.66　概念应用的网页及其配色方案

③ 明亮色调

如图 3.67 所示,明亮的颜色活泼清晰,热闹的画面和醒目的卡通形象叙述着一场庆典,但铺满高纯度的色彩过于刺激,不适宜长时间浏览。

观点:饱和度与纯度特性明显的搭配,在达到视觉冲击力的同时,可适当采用对比色或降低明度等方法调和视觉表现。

(a) 网页

(b) 配色

图 3.67　Kids Plus 的网页及其配色方案

④ 深暗色调

(a) 网页

(b) 配色

图 3.68 Lees Ferry 的网页及其配色方案

如图 3.68 所示为 Lees Ferry 的网页及其配色方案。其页面以深暗偏灰色调为主,不同的色彩搭配,像在叙述着不同的故事,白色文字的排版,整个页面显得厚重精致,小区域微渐变增加版面质感。

观点:以深暗色调构成整体画面氛围,小面积明亮部分不会影响整体感觉。

⑤ 雅白色调

如图 3.69 所示,是一个名为 Very makeup school 的网站页面,其柔和的调子使页面显得明快温暖,就算色彩很多也不会造成视觉负重。页面的同色调搭配,颜色作为不同模块的信息分类,不抢主体的重点,还能衬托不同类型载体的内容信息。

观点:同色调不同色彩的模块,就算承载着不同的信息内容也能表现很和谐。

(a) 网页

(b) 配色

图 3.69 Very makeup school 的网页及其配色方案

(2) 同色调配色

这是由同一色调或类似色调中的色相变化构成的配色类型,与有主导色调配色中的邻近色配色属于同类技法。区别在于同色调配色的色调分布平均,没有过深或过浅的模块,色调范围更为严格。

在实际的设计运用中,常会用些更综合的手法,例如整体有主导色调,小范围布局会采用同色调搭配。拿 tumblr 的发布模块来说(如图 3.70 所示),虽然页面有自己的主色调,但小模块使用同色调不同色彩的功能按钮,结合色相变化和图形表达不同的功能点,众多的按钮放在一起,由于同色调原因模块非常稳定统一。

观点:综合运用的情况,整体界面是有主导色调的,在布局(例如重点图标)等方面是同色调配色的灵活运用。

（a）网页

同色调

（b）配色

图 3.70　tumblr. 的网页及其配色方案

（3）同色深浅搭配

这是由同一色相的色调差构成的配色类型,属于单一色彩配色的一种。与主导色调配色中的同色系配色属于同类技法。从理论上来讲,在同一色相上的色调不存在色相差异,而是通过不同的色调阶层搭配形成,可以理解为色调配色的的一种。

如图 3.71 所示,拿紫色界面来说,利用同一色相通过色调深浅对比,营造页面空间层次。虽然色彩深浅搭配合理,但有些难以区分主次,由于是同一色相搭配,颜色的特性决定着心理感受。

观点:同色深浅配色有着极高的统一性,但有点枯燥。

(a) 网页

品牌色　　同色调

(b) 配色

图 3.71　Genrecolours 的网页及其配色方案

3) 对比配色而形成的配色方式

由对比色相互对比构成的配色,可以分为由互补色或相反色搭配构成的色相对比效果,由白色、黑色等明度差异构成的明度对比效果,以及由纯度差异构成的纯度对比效果。

(1) 双色对比

色彩间对比视觉冲击强烈,容易吸引用户注意,使用时经常大范围搭配。

如图 3.72 所示为 VISA 的网页及其配色方案。VISA 是一个信用卡品牌,深蓝色传达和平安全的品牌形象,黄色能让用户产生兴奋和幸福感。另外,将蓝色降低明度后再和黄色搭配,对比鲜明之余还能缓和视觉疲劳。

观点:不管是整体对比还是局部对比,对比色会给人带来强烈的视觉冲击,若再结合运用色彩心理学,会为传达品牌理念带来更佳的效果。

(a) 网页

（b）配色

图 3.72 VISA 的网页及其配色方案

（2）三色对比

三色对比在色相上更为丰富，通过加强色调重点突出某一种颜色，且在色彩面积大小的设计方面更为讲究。

如图 3.73 所示案例，该网页采用大面积绿色作为站点主导航，形象鲜明突出。使用品牌色对应的两种中差色作为二级导航，并降低其中一方蓝色系明度，再用同色调的西瓜红作为当前位置状态，二级导航内部对比非常强烈却不影响主导航效果。

观点：三色对比中西瓜红作为强调色限定在小面积展现非常关键，面积大小直接影响画面平衡感。

（a）网页

品牌色　主色对比

（b）配色

图 3.73 NAVER 的网页及其配色方案

（3）多色对比

多色对比给人丰富饱满的感觉，色彩搭配协调会使页面非常精致，模块感强烈。

如图 3.74 所示，Metro 风格采用大量色彩，分隔不同的信息模块。保持大模块区域面积相等，模块内部可以细分出不同内容层级，单色模块只承载一种信息内容，配上对应功能图标识别性高。

观点：运用色彩色相对比、色彩面积对比，只要保持一定的比例关系，页面也能整齐有序。

(a) 风格的界面

(b) 配色

图 3.74 Metro 的界面及其配色方案

(4) 纯度对比

相对于色相对比,纯度差对比中对比色彩的选择非常多,设计应用范围广泛,可用于一些突出品牌、营销类的场景。

如图 3.75 所示为 Pinterest 的网站首页,其在页面中心设置登录模块,通过降低纯度处理制造无色相背景,再利用红色按钮的对比,形成纯度差关系。与色相对比相较,纯色对比的冲突感和刺激感相对小一些,非常容易突出主体内容的真实性。

观点:运用对比时最重要的是对比例的把握,通过对面积、构图、节奏、颜色、位置等一切可以发生变化的元素的设计,形成视觉上的强烈冲突。

（a）风格的界面

（b）配色

图 3.75　PINTEREST 的配色方案

（5）明度对比

明度对比接近生活的实际反映，通过对环境远近、日照角度等明暗关系的调整，使设计趋于真实。

（a）网页

（b）配色

图 3.76　Arktis 的网页及其配色方案

如图 3.76 所示是 Arktis 的网站页面及其配色方案,它采用明度对比构成画面的空间纵深层次,使其呈现远近的对比关系,高明度突出近景主体内容,低明度表现远景的距离。而明度差使人注意力集中在高亮区域,呈现出药瓶的真实写照。

观点:明度对比使页面显得更单纯、统一,而高低明度差可产生距离关系。

总结:色彩是最能引起心境共鸣和情绪认知的元素,三原色能调配出非常丰富的色彩,色彩搭配更是千变万化。设计配色时,我们可以摒弃一些传统的默认样式,了解设计背后的需求目的,思考色彩对页面场景表现、情感传达等所起到的作用,从而有依据、有条理、有方法地构建色彩搭配方案。

3.3.5 制作网站首页效果图

1) 设计首页上部

首页上部包括网站 LOGO、Banner、导航。在网站设计中 LOGO 的设计是不可缺少的一个重要环节。LOGO 是网站特色和内涵的集中体现,它用于传递网站的定位和经营理念,同时便于人们识别。LOGO 的规格要遵循一定的国际标准,便于互联网上信息的传播。Banner 区域用来放置广告,可以是 Flash 动画或者图片广告,这个区域主要是留给企业自身或者是别的企业进行广告宣传。通过单击导航条上的链接可以进入网站的其他页面。为了突出导航条的效果,通常要对导航条进行特别的设计,以区别于其他的网页元素。具体设计如下。

（1）在 Photoshop 软件中,设置页面大小和参考线后,将项目任务 3.1 完成的"LOGO.png"文件打开,设置"排列文档"为"双联",选中 LOGO 文件中的图层,使用工具箱中的"移动工具",将图层拖动至"我的酷站首页图.psd"中,更改该图层名为"LOGO",如图 3.77 所示。

图 3.77　将 LOGO 放至首页效果图中

提示：图层名尽量不要使用默认命名，取名时要做到见名知义，如LOGO等。

（2）打开"reg_icon.gif"和"collect－icon·gif"两张图片，选择"图像"|"模式"菜单命令，分别将两张图片的图像模式由"索引颜色"更改为"RGB颜色"，如图3.78所示。

图3.78　RGB颜色

（3）设置"排列文档"为"三联"，使用工具箱中的"移动工具"，将两张图片拖动至"我的酷站首页图.psd"中，并调整至合适位置。

（4）使用工具箱中的"横排文字工具"输入文字"注册|收藏"，设置颜色为"#acacac"，字体为"微软雅黑"，大小为"12点"，消除锯齿的方法为"锐利"，设置完成后的效果如图3.79所示。

图3.79　右侧"注册"和"收藏"

（5）在 LOGO 下方，参照参考线位置，置入 Banner 背景图片，Banner 底部背景效果如图 3.80 所示。

图 3.80　Banner 底部背景

（6）插入 3.47 图制作好的字体，效果如图 3.81 所示。

图 3.81　添加广告语效果

（7）使用工具箱中的"圆角矩形工具"，在选项栏上设置半径为"2px"，绘制大小合适的圆角矩形，选中该形状图层，设置该图层样式，添加"渐变叠加"，如图 3.82 所示。

图 3.82　添加渐变叠加

（8）编辑渐变,颜色(♯67a422)在位置"0％"处,颜色(♯ade438)在位置"89％"处,颜色(♯ ade438)在位置"98％"处,颜色(♯ceef87)在位置"100％"处,具体设置参照图3.83所示。

图 3.83 渐变编辑器的设置

（9）使用工具箱中的"横排文字工具",设置字体为"微软雅黑",大小为"24点",消除锯齿的方法为"锐利",移动文字至合适位置,给该文字图层添加"投影""内发光"和"渐变叠加"的图层样式,如图 3.84 所示。

图 3.84 文字图层的图层样式

（10）使用工具箱中的"矩形工具"，设置前景色为"黑色"，图层不透明度设为"30％"，参照参考线，绘制大小合适的矩形，移动至合适位置，效果如图 3.85 所示。

图 3.85　矩形绘制效果

（11）使用工具箱中的"矩形工具"，设置前景色为"白色"，绘制大小合适的矩形，移动至合适位置，设置"描边"图层样式，大小为"1 像素"，颜色"＃a09e99"，如图 3.86 所示。

图 3.86　"描边"图层样式

（12）复制上一步所设置的图层，移动新图层，效果如图 3.87 所示。

（13）使用工具箱中的"矩形工具"，设置前景色为"白色"，按住"Shift"键绘制正方形，复制正方形形状图层，在新图层中添加"内阴影"图层样式，如图 3.88 所示。

（14）使用工具箱中的"横排文字工具"，添加相关文字，具体效果如图 3.89 所示。

图 3.87　矩形绘制和描边效果

图 3.88 "内阴影"图层样式

图 3.89 添加相关文字效果

(15) 使用工具箱中的"矩形工具",绘制合适大小的矩形,在该矩形图层中添加"渐变叠加"图层样式,编辑渐变色,颜色(♯ff830f)在位置"0%"处、颜色(♯ffa401)在位置"98%"处、颜色(♯ffc866)在位置"100%"处,具体效果如图 3.90 所示。

图 3.90　"渐变叠加"图层样式

　　(16) 使用工具箱中的"横排文字工具",输入"登录",选中"在线申请"文字图层,右键单击该图层,选择"拷贝图层样式"命令后,单击"登录"文字图层,用右键单击该图层,选择"粘贴图层样式"命令,设置完成后的效果如图 3.91 所示。

图 3.91　"在线申请"效果

　　(17) 首页上部的最终效果如图 3.92 所示。

图 3.92　首页上部效果

2) 设计首页中部

首页中部由 7 个模块组成,前 3 个模块:网站建设应遵循的原则、营销更加智能化"三网合一"和营销模式多元化的设计步骤类似,下面以"网站建设应遵循的原则"为例,详细介绍其设计步骤。

(1) 在 Photoshop 软件中打开"apply_pic1.gif"图片,"排列文档"设置为"双联",使用工具箱中的"移动工具",将图片对象拖动至"我的酷站首页图·psd"文档中。

(2) 为该新图层添加"颜色叠加"的图层样式,颜色为"♯1877c6",单击工具箱中的"横排文字工具"按钮,设置文本颜色为"♯6798bf",字体为"微软雅黑",大小为"24 点",消除锯齿的方法为"锐利",输入文字内容"网站建设应遵循的原则"。

(3) 设置前景色为"♯6798bf",单击工具箱中的"直线工具"按钮,参照参考线,绘制直线,完成后的效果如图 3.93 所示。

(4) 设置模块文本效果,单击工具箱中的"横排文字工具"按钮,设置文本颜色为"♯333333",字体为"微软雅黑",大小为"20 点",消除锯齿的方法"锐利",输入文本块标题内容。

(5) 单击工具箱中的"横排文字工具"按钮,设置文本颜色为"♯acacac",字体为"宋体",大小为"16 点",消除锯齿的方法为"无",输入文本块具体内容,完成后的效果如图 3.94 所示。

图 3.93　模块头部效果　　　　　图 3.94　模块文本效果

提示:网页正文文本如设置为"宋体、16 点",则消除锯齿的方法需要设置为"无",页面正文内容字体大小不宜设置过大,一般不超过 16 点。

(6) 单击工具箱中的"圆角矩形工具"按钮,在选项栏上设置半径为"30px",绘制圆角矩形,并为该图层添加图层样式,分别添加"投影""内阴影""渐变叠加"(如图 3.95 所示)和"描边"。

图 3.95 "渐变叠加"图层样式

（7）完成按钮背景的制作，在背景层上添加文字图层，输入文字内容"查看演示"，为文字图层添加"投影"的图层样式，如图3.96所示。

图 3.96 "投影"图层样式

（8）单击工具箱中的"多边形工具"按钮，在选项栏上将"边"设置为"3"，设置前景色为"♯acacac"，按住"Shift"键，绘制等边三角形，并将其移动至合适位置，完成后的模块效果如图3.97所示。

图 3.97 "网站建设应遵循的原则"模块效果

（9）将"网站建设应遵循的原则"模块相关图层拖放到新建图层组"wzyz"里，复制图层组两次，移动图层组至合适位置，如图 3.98 所示。

图 3.98 复制图层组后的效果

提示：复制图层组时，需将图层组拖动至图层面板底部的"创建新图层"按钮上。

（10）打开文件"apply_pic2.gif"，使用"移动工具"将图片拖动至"我的酷站首页图.psd"文档中，选中新图层，按"Ctrl＋T"组合键，再按住"Shift"键的同时在图片顶角处拖动鼠标可以等比例放大图片。

（11）给新图层添加"颜色叠加"的图层样式，颜色设置为"♯d7439d"，更改原文字图层的内容为"网站体检"，更改线的图层颜色为"♯d7439d"，同时更改文字图层的内容，完成后的效果如图 3.99 所示。

图 3.99 更改复制图层组的模块

（12）使用相同方法将模块"管理模式多元化"完成，在相关图层的"颜色叠加"中设置颜色为"♯18c6b4"，如图3.100所示。

图3.100　首页中部前三个模块实现后效果

（13）下面分别实现剩下的4个模块的设计。先来看"体检网站排行榜"，单击工具箱中的"矩形工具"按钮，设置前景色为"♯fafafa"，参照参考线绘制矩形。

（14）在该矩形上方，使用"直线工具"绘制一条直线，颜色为"♯c8c8c8"，移至矩形顶部，形成一条分隔线，完成后的效果如图3.101所示。

图3.101　其他4个模块背景设计效果

（15）参照参考线，完成模块"体检网站排行榜"相关文本的输入，完成模块"他们正在使用"的标题和图片的插入，完成模块"酷站日志"和模块"信息动态"相关文本的输入。

（16）单击工具箱的"铅笔工具"按钮，设置大小为"2px"，前景色为"♯828282"，在相应文字列表前单击实现列表项正方形符号，所有7个模块完成后的效果如图3.102所示。

提示：设置内容块（模块）时，同等级的标题格式一般需要设成一样的。

图 3.102　7 个模块的实现效果

3）设计首页底部

一般页面的底部由版权及相关信息组成，"我的酷站"底部由 3 部分组成，分别为文字导航、关注我们和二维码，具体设计步骤如下。

（1）参照参考线，使用工具箱中的"矩形工具"，设置前景色为"♯e5e5e5"，绘制页面底部背景，为该图层添加"内阴影"的图层样式，相关参数如图 3.103 所示。

图 3.103　首页底部背景层样式设置

（2）输入首页底部各小标题，设置字体为"微软雅黑"，字号为"14 点"，消除锯齿的方法为"无",文本颜色为"♯666666"。

（3）在各小标题下方输入相应文本或插入相关图片，调整至合适位置，最终效果如图 3.104所示。

图 3.104　底部小标题及内容排版

（4）在整个页面底部插入"icon-tj.png"图片，并输入网站的备案号，整理各图层顺序及图层组。

提示：到工信部备案的网站可获得备案号，通过备案号可以查到备案信息。

3.3.6　制作网站子页效果图

由于商业网站的规模都相当庞大，会出现多个级别的页面，且各个级别的页面之间有很强的延续性，但与一级页面又不完全相同。因此，通常设计好主页面以后，还要对一级、二级页面进行设计，目的是为了区分页面的等级，以便于浏览。因此，只需要保持页面的整体风格，在结构上做一些调整即可。这里以"酷站日记"子页为例，重点介绍设计的具体步骤。

根据子项目 2 中撰写的"我的酷站"项目策划书中对子页的版式布局，先重新调整参考线，设置各部分背景色，如图 3.105 所示。

图 3.105　重新设置参考线和整体布局

1）设计子页上部

（1）在 Photoshop 软件中，将"我的酷站首页图.psd"另存为"我的酷站子页效果.psd"，在子页效果图中，将右上角文字内容和格式做适当修改，以达到如图 3.106 所示的效果。

（2）添加导航文字。单击工具箱中的"横排文字工具"按钮，设置字体为"方正正黑简体"，字体大小为"16 点"，消除锯齿的方法为"锐利"，颜色为"♯393939"，输入导航上相关文字。选中"酷站日记"将其颜色更改为"♯44619c"。

（3）单击工具箱中的"矩形工具"按钮，设置前景色为"♯5179bc"，绘制矩形，调整至合适大小和位置。

图 3.106　右上角文字效果

（4）在"酷站日记"左右两边各用"铅笔工具"绘制"1px"宽的线，并使用"柔边圆"的"橡皮擦工具"擦除线条顶端，以达到如图 3.107 所示的效果。

关于我们　　联系我们　　服务条款　　酷站日记　　帮助信息　　意见反馈

图 3.107　子页导航效果

2）设计子页中部和底部

子页的中部由标题、日记列表和分页组成。

（1）在 Photoshop 软件中，打开"酷站日记标题. gif"图片，将图像模式更改为"RGB 颜色"后，使用"移动工具"将其拖动至"我的酷站子页效果. psd"文档中。

（2）参照参考线，将标题图片移动至合适位置。使用工具箱中的"矩形工具"，设置前景色为"白色"，在画布中绘制合适大小的矩形，并设置"描边"的图层样式，完成后效果如图 3.108 所示。

图 3.108　子页中部标题和背景设置

（3）使用工具箱中的"横排文字工具"将日记列表文字的标题和日期输入，使用"矩形工具"和"多边形工具"完成日记列表下方的分页效果，具体如图 3.109 所示。

图 3.109　分页效果

（4）使用工具箱中的"横排文字工具"完成版权信息的输入，全部完成后的子页效果如图 3.110 所示。

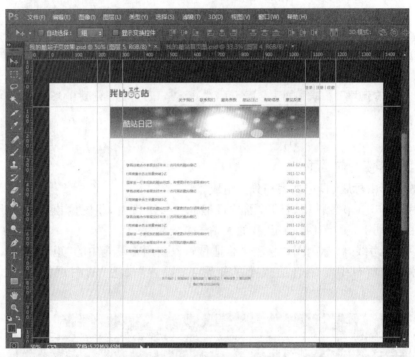

图 3.110　"酷站日记"子页效果

【归纳总结】

一个网站运作的成功与否，关键在于访问量。对于网站的访问者来说，"第一印象"的重要性不言而喻，所以网站首页的制作是网页设计的重中之重。通常在动手制作网站内的文件之前应该先做好设计和规划工作，这样在具体制作时才能做到胸有成竹、有的放矢。为此必须培养一定的艺术欣赏能力，熟练使用 Photoshop 软件合理布局，合理运用色彩设计出首页效果图。

【项目训练】

根据策划书中制定好的小型商业网站网页结构，绘制首页及其他页面的草图；小组讨论草图的最终方案；根据草图分工设计，最后进行整合，在 Photoshop 中完成小型商业网站首页的制作；交给客户审核，并根据客户的需求进行修改。

3.4 裁切网站设计稿

【项目引入】

整体页面的效果制作完成后,需要将效果图切片,然后导入到 Dreamweaver 中进行重新布局排版。在 Photoshop 中裁切设计稿非常方便。

【项目展示】

本项目的任务就是要在 Photoshop 中将"我的酷站首页图"进行裁切,获取网页制作的素材文件,如图 3.111 和图 3.112 所示。

图 3.111 首页切片

图 3.112 切片导出素材

【项目实施】

当网页上的图片较大时,浏览器下载整个图片需要花很长的时间,通过切片将整个图片分为多个不同的小图片分开下载,可大大地缩短下载时间。在目前互联网带宽还受到条件限制的情况下,运用切片来缩短网页下载时间而又不影响图片的效果,这不能不说是一个两全其美的办法。

除了缩短下载时间之外,切片还有其他优点,如优化图像。完整的图像只能使用一种文件格式,应用一种优化方式,而对于切片后的各幅小图片就可以分别对其优化,还可以根据各幅切片的情况存为不同的文件格式。这样既能够保证图片质量,又能够使得图片变小。

提示:若为29张图片,即便访客访问速度过慢,也只会造成部分图像无法正常下载,若是一张大图片,则很容易造成页面访问超时,访客什么也看不到。

3.4.1 分析切片的原则

对页面效果图进行切割前,先进行具体的分析是必不可少的步骤,以避免在制作时还需要对切片图进行反复修改,具体切片时一般要遵循以下几条原则。

(1)切片是 Dreamweaver 中如何使用 DIV+CSS 来布局的依据,切片的过程要先总体后局部,即先把网页整体切分成几个大部分,再细切其中的小部分。

(2)没有使用特殊文字效果的网页正文不需要切,可以直接使用 HTML 代码来实现。

(3)对于渐变的效果或圆角等图片特殊效果,需要在页面中表现出来的,要单独切出来。

(4)切割的时候要注意平衡,比如右侧切割了,那么左侧也要等高地切一刀,这样在Dreamweaver 中使用 DIV+CSS 布局的时候不容易乱。

(5)纯色背景和线型边框线不需要切片,可以直接由 CSS 代码实现。

(6)如果某个对象的范围正好是要切割的大小,可以直接使用"新建基于图层的切片"功能。

(7)如果区域面积不大,可以不需要细致划分,只需将其整体切割即可。

(8)如果图片上面不需要添加文字,则没有必要将其作为背景图案,直接作为图片处理即可。

3.4.2 创建首页切片

"我的酷站"首页设计图需要切割的主要是网站的背景、LOGO、Banner、导航背景、标题图片、图标、按钮及运用了特殊文字的标题图片等。使用 Photoshop 工具箱的"切片工具"可以为已经制作好的效果图创建切片。常用的 Photoshop 切片种类主要有以下 3 种:

(1)用户切片:使用切片工具创建的切片。

(2)基于图层的切片:从图层创建的切片。

(3)自动切片:创建新的用户切片或基于图层的切片时,将生成占据图像其余区域的附加切片。

"我的酷站"首页设计图切割的具体操作步骤如下。

1)创建首页背景的切片

(1)使用 Photoshop 软件打开"我的酷站首页图. psd"文件,选择"文件"|"存储为..."菜

单命令,另存文件命名为"我的酷站首页图(带切片). psd"。

(2) 根据切片原则,先分析整体的网页背景。单击图层缩略图前的眼睛图标,将除页面背景外的其他图层及图层组隐藏,画布效果如图 3.113 所示。

图 3.113 网页背景

(3) 由于纯色和线型的边框线无须切割,所以只需要考虑首页底部,首页底部的背景设有内阴影,故要创建切片。由于该图片可水平平铺,创建时宽度可以设置小点,如图 3.114 所示。

提示:用户切片、基于图层的切片和自动切片的外观不同。用户切片和基于图层的切片由实线定义,而自动切片由点线定义,每种类型的切片都显示不同的图标。

2) 创建首页上部的切片

(1) 背景切割完后,将背景层隐藏,显示首页内容,先切割首页上部。由于 LOGO 在单独一层,内容即为切片,可以在选中该图层的状态下,选择"图层"|"新建基于图层的切片"菜单命令完成切片的创建。

(2) LOGO 右侧的普通文本,根据切片原则,不需要创建切片。使用"新建基于图层的切片"完成"注册"与"收藏"图标的切片创建。

(3) 接下来完成 Banner 的切割。Banner 的背景是纯色,无须创建切片,左侧有图标及特殊文字,考虑切片的简化原则,可以为 Banner 左侧的图像效果创建 1 个切片,具体如图 3.115 所示。

图 3.114　首页底部背景切片

图 3.115　首页底部背景切片

提示:为了确保切片大小、位置的精确度,可以先设置参考线,然后再创建切片,这时拖动鼠标时比较容易定位。

(4) 完成 Banner 右侧模块"在线申请"的切割操作。主要是两个按钮的切片创建,选中按钮所在的背景图层,使用"新建基于图层的切片"的功能来完成。其他的输入框和文字可以直接由 HTML 来实现内容,通过 CSS 来设置格式,以达到设计稿的效果。

(5) 完成 Banner 图片切换的按钮图标切割。选中图标所在的图层,使用"新建基于图层的切片"功能来完成,至此首页上部的切片已完成,共创建 7 个切片。

3）创建首页中部的切片

（1）首页中部以文字居多，网页正文和未使用特殊文字的标题均不需要创建切片。只需要为带图片的标题和按钮创建切片即可。

（2）参照参考线，使用"切片工具"，为带图片的标题创建用户切片，具体如图 3.116 所示。

图 3.116　为带图片的标题创建用户切片

（3）使用"新建基于图层的切片"功能完成"查看演示"按钮的切片创建，相同按钮只需要创建一个切片即可。

（4）有序列表和无序列表均可以使用 HTML 来实现，无须创建切片。使用"新建基于图层的切片"功能完成模块"他们正在使用"中图片的切片创建。

4）创建首页底部的切片

使用"新建基于图层的切片"功能完成首页底部相关图片的切片创建，共完成 16 个切片的创建，最终完成后的效果如图 3.117 所示。

图 3.117　首页切片创建后效果

3.4.3 编辑首页切片

在 Photoshop 软件中使用工具箱中的"切片选择工具"来选择需要编辑的切片。单击鼠标右键,在弹出的快捷菜单中可以选择"编辑切片选项…"命令,如图 3.118 所示。

由于 LOGO 切片是基于图层的切片,在该切片选项里无法改变尺寸大小,需要将其"提升到用户切片"后才可以更改。在"切片选项"对话框里可以更改"名称""URL""目标""信息文本"和"Alt 标记"等,如图 3.119 所示,各选项详细信息如下。

图 3.118 用右键单击选中的切片

图 3.119 "切片选项"对话框

(1)切片类型:有"图像"和"无图像"可选,选"图像"时,当前切片在输出时会生成一个图像,选"无图像"则不能生成。

(2)名称:为切片起名,当前切片生成图像时和切片名字一样。

(3)URL:给切片链接一个网址。

(4)目标:切片在哪个窗口中打开。

(5)信息文本:状态栏上显示的信息。

(6)Alt 标记:鼠标移至显示的提示信息。

(7)X,Y:切片左上角的坐标。

(8)W,H:切片的长度和宽度。

提示:为切片起名时使用西文字符,尽量做到见名知义。

3.4.4 命名首页切片

在 Photoshop 中命名切片。如没有在编辑切片状态下对切片命名,则切片导出时的名字会默认为 PSD 文件名后加上序号(1,2,3,…),这样不利于后期图片素材的管理与 HTML 代码的书写。

切片后的图片要用到 HTML 页面中,尽可能看其名字就知道其大概的位置。例如,页面上部有 3 个图片,第一个图片可命名为"header-first",还可以根据图片的内容命名,如网站 LOGO,可命名为"logo"等。

3.4.5 导出首页切片

1) 导出首页背景的切片

（1）显示首页底部背景层，隐藏首页底部中的文字图层，如图 3.120 所示，选中刚命名的"bg-boftom"切片，选择"文件" | "存储为 Web 所用格式..."菜单命令。

图 3.120　隐藏文字图层后的页面底部

（2）使用"抓手工具"将视图移至首页底部，选中需要保存的切片，将预设更改为"PNG-24"，单击"存储"按钮，如图 3.121 所示。

图 3.121　存储为 Web 所用格式

（3）在"将优化结果存储为"对话框中选择"保存在"的位置，格式为"仅限图像"，切片为"选中的切片"，单击"保存"按钮，如图 3.122 所示。

图 3. 122　"将优化结果存储为"对话框

（4）在"将优化结果存储为"对话框中选择"保存在"的位置，格式为"仅限图像"，切片为"选中的切片"，单击"保存"按钮，即可在指定位置（一般是站点文件夹）生成 images 图片文件夹，如图 3. 123 所示。

图 3. 123　生成 images 图片文件夹

2)导出首页除背景外的切片

（1）隐藏首页底部背景层后，选择"文件"|"存储为 Web 所用格式..."菜单。

（2）使用"切片选择工具"选中各切片，在预设中设置合适的图片格式，权衡图片的质量与字节数。

（3）选中剩下的 15 个切片，单击"存储"按钮后，选择相同位置，单击"保存"按钮。

3.4.6 裁切子页设计稿

由于首页与子页在版式设计上相似，页面内容部分重叠，故首页上已创建的切片在子页中无须重复创建。

根据切片原则，对比首页与子页的效果图，不难发现其中 LOGO、页面底部背景均不需要再创建切片，在子页中需要创建切片的有：导航背景和"酷站日记"标题图片，具体操作如下。

（1）隐藏导航上的"酷站日记"文字图层，创建用户切片。

（2）使用"新建基于图层的切片"功能完成"酷站日记"标题图的切片创建，完成后的效果如图 3.124 所示。

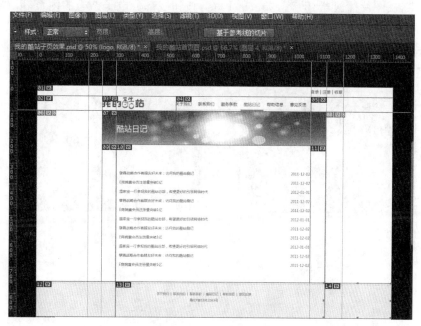

图 3.124 "酷站日记"子页切片

（3）编辑子页切片并命名子页切片，最后在首页相同的位置导出子页切片。

提示：如子页切片比较多时，可在站点文件夹的 images 文件夹下再新建子文件夹来存储子页切片图片。

【归纳总结】

切片是网页设计中非常重要的一环，它可以很方便地标明哪些是图片区域，哪些是文本区域，使版块格式尤其是图片和文字的比例得到合理的控制。另外，合理的切图还有利于加快网页的下载速度、设计复杂造型的网页及对不同特点的图片进行分格式压缩等。因此必须学会熟练使用 Photoshop 软件裁切网页设计稿,掌握创建和编辑切片的方法,以简化后面在网页编辑软件中网页的布局。

【项目训练】

在 Photoshop 中将完成的小型商业网站首页设计稿进行裁切,获取制作首页的素材文件。

 # 3.5 制作网站中的动画

【项目引入】

动感绚丽的动画可以给网站浏览者以极大的冲击力;可以生动地体现一个网站的性质和形象,Flash 动画就是其中的一种。一个好的 Flash 动画具有很高的艺术欣赏性,对于增进网站浏览者对网站的友好度有很大好处。

在网站中使用较多的 Flash 动画属于演示类,是单纯的以展示为目的的动画,包括专题片头、网站广告、图片播放器、动态 Banner、Flash 按钮及部分电子杂志的内页等。

【项目展示】

本项目任务以"我的酷站"网站中的 Banner 为例,学习网站中 Flash 动画的制作,如图3.125 所示。

图 3.125　Banner 动画效果

【项目实施】

3.5.1　Flash 动画的基本原理

1）动画原理

动画是将静止的画面变为动态的艺术。实现由静止到动态,主要是靠人眼的视觉残留效应。比如在画面中连续显示数十乃至数百个静态的图片,由于视觉残留效应使得我们认为物体是运动着的。利用人的这种视觉生理特性可制作出具有高度想象力和表现力的动画影片。如人的走路,人走路的特点就是两脚交替向前带动身躯前进,两手前后交替摆动,使动作得到平衡,如图 3.126 所示。

图 3.126　人的走路

2）Flash 动画的制作方式

（1）用帧作为动作来制作动画,可以在每帧上放上不同的图片,在一定的时间内快速地播放完每一帧便是动画,也可以自己运算一定的变形动作,这需要一定的美术基础。

（2）用脚本控制动画,用它可以实现更多的效果,主要运用在交互式的动画中,如游戏网站的菜单可以用 Flash 来做,要做好需要一定的编程基础。

3）Flash 中的几个概念

（1）时间轴和时间轴面板。在 Flash 当中,可以通过时间轴面板来进行动画的控制。时间轴面板是用来管理图层和处理帧的,主要由左边的图层面板、右边的时间轴以及下边的状态栏 3 部分组成。时间轴由图层、帧、播放头组成,时间轴面板如图 3.127 所示。

图 3.127　时间轴面板

（2）帧。帧是 Flash 中最小的时间单位。与电影的成像原理一样,Flash 动画也是通过对帧的连续播放来实现动画效果的,通过帧与帧之间的不同状态或位置的变化实现不同的动画效果。制作和编辑动画实际上就是对连续的帧进行操作的过程,对帧的操作实际上就是对动画的操作。

对不同帧含义的正确理解是制作动画的关键,下面来认识一下这些帧。

① 空白帧:帧中不含任何 Flash 对象,相当于一张空白的影片。在 Flash 中除了第一帧外其余的帧均为空白帧。

② 关键帧:显示为实心的圆圈,是有关键内容的帧。用来定义动画变化、更改状态的帧,即编辑舞台上存在实例对象并可对其进行编辑的帧。（快捷键<F6>）

③ 空白关键帧:显示为空心的圆圈,空白关键帧是没有包含舞台上的实例内容的关键帧。可以随时添加实例内容,当添加了实例内容后,空白关键帧就自动转换为关键帧。（快捷键<F7>）

④ 普通帧:显示灰色方格,普通帧是用于延续关键帧的内容,也称为延长帧。在普通帧上绘画和在前面关键帧上绘画的效果是一样的,用一个空白的矩形框表示结束。（快捷键<F5>）

⑤ 过渡帧:是将过渡帧前后的两个关键帧进行计算得到的,它所包含的元素属性的变化是计算得来的,包括形状渐变帧和运动渐变帧。如果过渡帧制作不成功则还会有不可渐变帧。

关键帧、空白关键帧和普通帧的区别如下。

① 同一层中,在前一个关键帧的后面任一帧处插入关键帧,是复制前一个关键帧上的对象,并可对其进行编辑操作。

② 如果在前一个关键帧的后面插入的是普通帧,则延续前一个关键帧上的内容,不可对其进行编辑操作。

③ 如果在前一个关键帧的后面插入的是空白关键帧,则可清除该帧后面的延续内容,可以在空白关键帧上添加新的实例对象。

④ 关键帧和空白关键帧上都可以添加帧动作脚本,普通帧上则不能。

选择时间轴上的空白帧并单击鼠标右键,在弹出的快捷菜单中可以实现各类帧操作命令,如图 3.128 所示。

（3）图层。图层就相当于完全重合在一起的透明纸,可以

图 3.128　帧操作快捷菜单

任意选择其中一个图层绘制图形、修改图形、定义图形。每一个层之间相互独立,都有自己的时间轴,包含自己独立的多个帧,而不会受到其他层上图形的影响。在相应的图层上进行绘制和添加图形,再给每个图层一个名称作为标识(双击图层名能重命名),然后重叠起来就是一幅完整的动画了,如图 3.129 所示。

图 3.129 有多个图层的时间轴面板

在图层名称右方有图层的 3 种编辑模式。

① 显示/隐藏模式:可以使该图层的图形对象隐藏起来。

② 锁定/解锁模式:锁定图层,使之不能被编辑。

③ 轮廓/轮廓与填充模式:只显示轮廓,便于修改轮廓。

图层的类型有以下几种。

① 普通层:通常制作动画、安排元素所使用的图层,和 Photoshop 中的层是类似的概念和功能。

② 遮罩层:只用遮罩层的可显示区域来显示被遮罩层的内容,与 Photoshop 的遮罩类似。

③ 运动引导层:运动引导层包含的是一条路径,运动引导线所引导的层的运动过渡动画将会按照这条路径进行运动。

④ 注释说明层:是 Flash 以后新增加的一个功能,本质上是一个运动引导层。

可以在其中增加一些说明性文字,而输出的时候层中所包含的内容将不被输出。

(4) 元件与实例。元件是指在 Flash 中创建且保存在库中的图形、按钮或影片剪辑,可以自始至终在影片或其他影片中重复使用,是 Flash 动画中最基本的元素。元件的分类如下。

① 图形元件( ):可以重复使用的静态图像,或连接到主影片时间轴上的可重复播放的动画片段。图形元件与影片的时间轴同步运行。

② 影片剪辑元件( ):可以理解为电影中的小电影,可以完全独立于主场景时间轴并且可以重复播放。

③ 按钮元件( ),实际上是一个只有 4 帧的影片剪辑,但它的时间轴不能播放,只是根据鼠标指针的动作做出简单的响应,并转到相应的帧。

元件存放在库中,通过按"Ctrl+L"组合键或者"F11"键可以打开库面板,可以把库理解为是保存图符的文件夹。通过拖曳操作便可将元件从库中取出,反复加以应用。由于使用元件不增加文件的尺寸,尽可能重复利用 Flash 中的各种元件,减小文件的尺寸。

文件从库拖到工作区中之后,应用于影片的元件对象被称为"实例"。

几种元件的相同点是都可以重复使用,且当需要对重复使用的元素进行修改时,只需编辑元件,而不必对所有该元件的实例一一进行修改。

几种元件的区别及应用中需注意的问题如下。

① 影片剪辑元件和按钮元件的实例上都可以加入动作语句,图形元件的实例上则不能;影片剪辑里的关键帧上可以加入动作语句,按钮元件和图形元件则不能。

② 影片剪辑元件和按钮元件中都可以加入声音,图形元件则不能。

③ 影片剪辑元件的播放不受场景时间线长度的制约,它有元件自身独立的时间线;按钮元件独特的 4 帧时间线并不自动播放,而只是响应鼠标事件;图形元件的播放完全受制于场景时间线。

④ 影片剪辑中可以嵌套另一个影片剪辑;图形元件中也可以嵌套另一个图形元件;但是按钮元件中不能嵌套另一个按钮元件;3 种元件可以相互嵌套。

3.5.2 Flash 中的基本操作

在对 Flash 有了一个初步的认识后,下面我们就可以正式进行动画的制作。首页是 Flash 文档的基本操作,包括新建 Flash 文档、打开和关闭 Flash 文档及保存 Flash 文档,Flash 文档的扩展名为".fla"。

1) 新建 Flash 文件

(1) 选择"文件"|"新建"菜单命令,出现"新建文档"对话框,如图 3.130 所示。

(2) 在弹出的对话框的"常规"选项卡中选择文档类型为"Flash 文档",如选择第一个选项"ActionScript3.0"。

(3) 完成后单击"确定"按钮。

这样就新建了一个.fla 文档,新建文档的默认文档名是"未命名_*.fla"(*号表示按照新建次序系统设定的数字)。

图 3.130 "新建文档"对话框

2) 保存 Flash 文件

下面我们将创建好的 Flash 文件保存为"banner.fla",用于下一小节中第一个 Banner

动画效果的制作。

（1）选择"文件"｜"保存"菜单命令，弹出"另存为"对话框。

（2）在弹出的对话框中设置文档保存的路径，并将"文件名"文本框中的"未命名_＊.fla"修改为"banner.fla"。

（3）单击"保存"按钮，就可以完成对文档的保存。

提示：如果该文档已保存过，则选择"文件"｜"保存"菜单命令，即可完成对文档的保存。

3）打开和关闭 Flash 文件

打开 Flash 文件最简便的方法只需双击以".fla"为后缀名的文件即可，此外还可以按如下的操作方法打开。

（1）选择"文件"｜"打开"菜单命令，出现打开文档对话框。

（2）浏览找到想要打开的文档。

（3）单击"打开"按钮，Flash 文件即被打开。

要关闭 Flash 文档最简便的方法是单击子窗口中的关闭按钮，此外还可以按如下操作方法关闭。

（1）关闭当前文档：选择"文件"｜"关闭"菜单命令。

（2）关闭所有打开的 Flash 文档：选择"文件"｜"全部关闭命令"菜单命令。

4）设置文档属性

创建好动画文件后就要开始动画的制作，动画制作的第一步就是设定动画场景的大小，这就需要对文档的属性进行设置，下面以 banner1 动画为例，创建一个场景大小为 800 像素×400 像素的动画。

（1）在打开的"banner.fla"文档中，选择最右侧工具箱中的选择工具。

（2）单击舞台中的任意空白位置，出现如图 3.131 所示的属性面板。

（3）单击"大小：550×400"后的"编辑"按钮，打开"文档设置"对话框。

（4）将对话框中的"尺寸"设置为 800 像素×400 像素，如图 3.132 所示。

图 3.131 文档属性面板

图 3.132 "文档设置"对话框

帧频是动画播放的速度,以每秒播放的帧数为度量,最多每秒 120 帧。帧频太慢会使动画看起来一顿一顿的,帧频太快会使动画的细节变得模糊。在 Web 上,每秒 12 帧(fps)的帧频通常会得到最佳的效果。QuickTime 和 AVI 影片通常的帧频就是 12 fps,但是标准的运动图像速率是 24 fps。

片头动画:帧频为 25 fps 或者 30 fps。25 帧/秒是电影中的播放速度(有时是 24 帧/秒),30 帧/秒则是电视中的播放速度。

交互界面(如 Flash 网站):帧频为 40 fps 或更高。交互界面需要更快的界面响应,以及更流畅的界面动画效果。

Flash 游戏:一般情况下将游戏的帧频设为 30 fps 也可以有不错的效果,或者将帧频设为 50 fps 或 60 fps,这样如果游戏中出现视频动画,则可以使用每 2 帧播放一幅画面的方法来播放和整合视频动画。这样可以不用丢帧更流畅地播放设计好的视频,且可以同步好时间。当然有时候游戏也会使用定时器来刷新画面,这时候可以使用 120 fps 的极限帧速率。

动漫:帧频一般为 15~25 fps。因为播放 Flash 矢量动画需要每帧刷新屏幕数据(每次缩放和平移时,特别是整个场景移动时),这个时候 CPU 的开销会很大。

5) 发布 Flash 文件

如果将网站的 Flash 文件下载下来,会发现它是一个 swf 格式的文件,而利用 Flash 软件编辑的文件却是以"∗.fla"的格式保存。所以需要将其发布成"∗.swf"的文档。当然也可以发布成其他格式的文档,如 GIF、JPEG、PNG 和 QuickTime 等格式。

(1) 发布 swf 文件。

① 通过选择"文件"|"导出影片"菜单命令可以生成 swf 文件。

② 制作影像文件过程中按"Ctrl+Enter"组合键,会自动生成 swf 文件,同时可以进行制作效果的预览。

③ 制作影像文件的途中按"F12"键,则可以通过网页浏览器将 swf 运行为格式。

(2) 发布 Image 文件。

① 通过选择"文件"|"导出图像"菜单命令可以将当前 Flash 文件另存为 JPEG、BMP、Al、PNG 等格式。

② 还可以根据图像的形式设置图像质量或版本的属性。

(3) 同时发布多个文件格式。

① 通过选择"文件"|"发布"菜单命令可以同时制作各种格式的文件。

② 通过选择"文件"|"发布设置"菜单命令可以在弹出的对话框中选择要制作的文件格式,如图 3.133 所示。

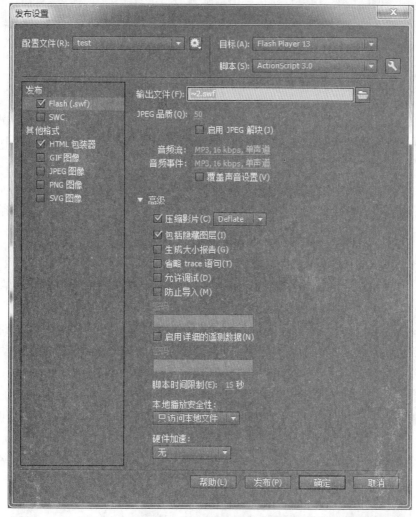

图 3. 133　"发布设置"对话框

3.5.3　Flash 中的基本动画形式

1）逐帧动画

逐帧动画是由位于时间线上同一动画轨道上的一个连续的关键帧序列组成的。对于动画帧序列的每一帧中的内容都可以单独进行编辑,使得各帧展示的内容不完全相同,在作品播放时,由各帧顺序播放产生动画效果。由于是一帧一帧的动画,所以逐帧动

图 3. 134　逐帧动画的时间轴显示效果

画具有非常大的灵活性,几乎可以表现任何想表现的内容。逐帧动画在时间轴上的表现为连续的关键帧,如图 3.134 所示。

创建逐帧动画的方法如下。

（1）逐帧绘制帧内容，用鼠标在场景中一帧帧地画出每帧的内容。

（2）通过导入静态图片来建立逐帧动画，如把 JPG、PNG 等格式的静态图片连续导入 Flash 中，建立一段逐帧动画。

（3）用文字作为元件，制作跳跃、旋转等效果的逐帧动画。

2）绘图纸的使用

绘图纸的功能是帮助定位和编辑动画，对制作逐帧动画特别有用。通常情况下，Flash 工作区中一次只能显示动画序列的单个帧。使用绘图纸功能后，就可以在舞台中一次查看两个或多个帧了。

使用绘图纸功能后的场景。当前帧中的内容是以全彩色显示的，而其他帧的内容是以半透明显示的，看起来好像所有帧内容是画在一张半透明的绘图纸上的，这些内容相互层叠在一起。此时只能编辑当前帧的内容，而不能编辑其他帧的内容。

3）Flash 补间动画

补间动画是 Flash 中非常重要的表现手法之一，可以运用它制作出奇妙的效果。补间动画一般有形状补间动画和运动补间动画两种。

（1）形状补间。在 Flash 时间轴面板上的某一个关键帧绘制一个形状，然后在另一个关键帧更改该形状或绘制另一个形状，Flash 根据二者之间帧的值或形状来创建的动画被称为形状补间。

形状补间可以实现两个图形之间颜色、形状、大小、位置的相互变化，其变形的灵活性介于逐帧动画和动作补间动画之间，使用的元素为用鼠标绘制出的形状，如果使用图形元件、按钮或文字，则必须先"打散"再变形。

形状补间建好后，时间轴面板的背景色变为淡绿色，在起始帧和结束帧之间产生一个长长的箭头，如图 3.135 所示。

图 3.135　形状补间在时间轴面板上的表现

① 创建形状补间的方法。在时间轴面板上动画开始播放的地方创建或选择一个关键帧并设置要开始变形的形状，在动画结束处创建或选择一个关键帧并设置要变成的形状，单击鼠标右键，在弹出的快捷菜单中选择"创建补间形状"命令，此时一个形状补间就创建完毕了。

② 形状补间的属性面板。Flash 的"属性"面板随鼠标选定的对象不同而发生相应的变化。当建立了一个形状补间后，单击时间帧，"属性"面板如图 3.136 所示。

图 3.136 形状补间"属性"面板

提示：形状渐变是在起始关键帧处用一个黑色圆点表示，中间的帧有一个浅绿色背景的黑色箭头。虚线表示渐变动画中断的或者不完整。

形状渐变动画的对象是分离的可编辑图形（点阵图），图片、文本等进行形状渐变必须通过按"Ctrl＋B"组合键进行组件分解。

Flash 可以对放置在一个层上的多个形状进行形变，但通常一个层上只放一个形状会产生较好的效果。

（2）运动补间动画。动作补间动画也是 Flash 中非常重要的表现手段之一。与形状补间不同的是，动作补间动画的对象必须是元件。

在 Flash 时间轴面板上的一个关键帧放置一个元件，然后在另一个关键帧改变这个元件的大小、颜色、位置、透明度等，Flash 根据二者之间的帧值创建的动画被称为动作补间动画。

构成动作补间动画的元素是元件，它包括影片剪辑、图形元件、按钮等。用户绘制的图形和分离的组件等其他元素不能创建动作补间动画,都必须先转换成元件,只有转换成元件后才可以做动作补间动画。

动作补间动画建立后,时间轴面板的背景色变为淡紫色,在起始帧和结束帧之间产生一个长长的箭头,如图 3.137 所示。

图 3.137　动作补间动画在时间轴上的表现

① 创建动作补间动画的方法。在时间轴面板上动画开始播放的地方创建或选择一个关键帧并设置一个元件,在动画要结束的地方创建或选择一个关键帧并设置该元件的属性,单击鼠标右键,在弹出的快捷菜单中选择"创建传统补间"命令,就建立了动作补间动画。

提示:　　　　　　　运动式渐变在起始关键帧处用一个黑色圆点指示,中间的帧有一个浅蓝色背景的黑色箭头。　　　　　　　虚线表示渐变动画是断的或者不完整的。

② 动作补间动画的属性面板。在时间轴动作补间动画的起始帧上单击鼠标,帧属性面板如图 3.138 所示。

"缓动"选项:初始值为"0",填入具体的数值可以设置动画的缓动效果。正值为由快到慢的变化,负值为由慢到快的变化。

"旋转"选项:该选项有 4 个选择,选择"无"(默认设置)禁止元件旋转;选择"自动"可以使元件在需要最小动作的方向上旋转一

图 3.138　帧属性面板

次;选择"顺时针"或"逆时针",并在后面输入数字,可使元件在运动时顺时针或逆时针旋转相应的圈数。

"调整到路径"复选框:将补间元素的基线调整到运动路径,此项功能主要用于引导线

运动。

"同步"复选框：使图形元件实例的动画和主时间轴同步。

"贴紧"选项：可以根据其注册点将补间元素附加到运动路径上，此项功能也用于引导线运动。

4）Flash遮罩动画

"遮罩"，顾名思义就是遮挡住下面的对象。在Flash CS4中，"遮罩动画"通过"遮罩层"来达到有选择地显示位于其下方的"被遮罩层"中的内容。在一个遮罩动画中，"遮罩层"只有一个，"被遮罩层"可以有任意个。

"遮罩"主要有两种用途：一是用在整个场景或一个特定区域中，使场景外的对象或特定区域外的对象不可见；二是用来遮罩住某一元件的一部分，从而实现一些特殊的效果。

（1）创建遮罩动画的方法。

① 创建遮罩。在Flash中没有一个专门的按钮来创建遮罩层，遮罩层其实是由普通图层转化的。只需在某个图层上单击鼠标右键，在弹出的快捷菜单中把"遮罩"前打个钩，该图层就会生成遮罩层，"层图标"就会从普通层图标变为遮罩层图标，系统会自动把遮罩层下面的一层关联为"被遮罩层"，在缩进的同时图标变为遮罩层图标，如果想关联更多层被遮罩，只要把这些层拖到被遮罩层下面就可以了，如图3.139所示。

图3.139 多层遮罩动画

② 构成遮罩和被遮罩层的元素。遮罩层中的图形对象在播放时是看不到的，遮罩层中的内容可以是按钮、影片剪辑、图形、位图、文字等，但不能使用线条，如果一定要用线条，则可以将线条转化为"填充"。

被遮罩层中的对象只能透过遮罩层中的对象被看到。在被遮罩层中，可以使用按钮、影片剪辑、图形、位图、文字、线条。

③ 遮罩中可以使用的动画形式。可以在遮罩层、被遮罩层中分别或同时使用形状补间、动作补间动画、引导线动画等动画手段，从而使遮罩动画变成一个可以施展无限想象力的创作空间。

（2）遮罩原理。遮罩层的基本原理是：能够透过该图层中的对象看到"被遮罩层"中的对象及其属性（包括它们的变形效果），但是遮罩层中对象的许多属性，如渐变色、透明度、颜色和线条样式等却是被忽略的。例如，不能通过遮罩层的渐变色来实现被遮罩层的渐变色变化。

5)Flash 引导线动画

利用引导线可以制作出比直线运动更加自然的曲线移动效果,如自行车上下山时的山路高低起伏,如果用运动补间动画来实现,其效果肯定就不理想了。

引导线动画的制作需要有引导层,也就是引导图层,其作用是辅助其他图层(被引导层)对象的运动或定位。在运动引导层中绘制路径,可以使被引导层中运动渐变动画中的对象沿着指定的路径运动,在一个运动引导层下可以建立一个或多个被引导层。另外,在这个图层上可以创建网格或对象,以帮助对齐其他对象。

引导层动画的创建方法如下。

最基本的引导层动画由两个图层组成,上面一层是引导层,下面一层是被引导层。引导层动画也可以由两个以上的图层组成,一个引导层下可以建立一个或多个被引导层。

在普通图层上单击右键并选择"添加传统运动引导层"命令,该层的上面就会添加一个引导层,该普通层就缩进成为被引导层,如图 3.140 所示。引导层中的内容在动画播放时是看不见的,引导层中的内容一般是用铅笔、线条、椭圆工具、矩形工具、画笔工具等绘制出来的线段作为运动轨迹。被引导层中的对象是跟着引导线走的,可以使用影片剪辑、图形元件、按钮、文字等。引导层动画的动画形式是动作补间动画。

图 3.140　引导层的显示效果

提示:制作引导层动画成功的关键是要使被引导层中的对象的中心点在动画的起点和终点位置上一定要对准引导线的两个端点。另外,引导层中的引导线不要过于陡峭,要绘制得平滑一些,否则动画不宜成功。

6)需要掌握的简单知识

动作脚本是 Flash 的脚本语言,利用动作脚本可以控制 Flash 动画在播放过程中响应用户事件,以及同 Web 服务器之间交换数据。利用动作脚本可以制作出精彩的游戏、窗体、表单及像聊天室一样的实时交互系统。

在 Flash CS4 及以上版本中使用的是 ActionScript3.0。ActionScript1.0 和 Action-Script2.0 使用的都是 AVMI(Actionscript 虚拟机 1),因此它们在需要回放时本质上是一样的,而 ActionScript3.0 运行在一种新的专门针对 ActionScript3 代码的虚拟机 AVM2 上。所以 ActionScript3.0 影片不能直接与 ActionScript1.0 和 Actionscript2.0 影片直接通信,这也使我们刚开始使用相关版本时感到非常不适应。

在 Flash 中编写 ActionScript 代码时,应使用"动作"面板或"脚本"窗口。"动作"面板和"脚本"窗口包含全功能代码编辑器(称为 ActionScript 编辑器),其中包括代码提示和着色、代码格式设置、语法加亮显示、语法检查、调试行数、自动换行等功能,并在两个不同视图中支持 Unicode。

在 ActionScript1.0 和 ActionScript2.0 中,可以在时间线上编写代码,也可以在选中的对象如按钮或是影片剪辑上编写代码,代码加入在 0n0 或是 onClipEvent()代码块中及一些相关的事件如 press 或是 EnterFrame。这些在 ActionScript3.0 中都不再可能了。代码只能被编写在时间上,所有的事件如 press 和 enterFrame 现在都同样要写在时间线上。

下面介绍在广告案例制作中用到的事件和函数。

(1) stop()函数。

```
stop():Void
```

功能说明:停止当前正在播放的 swf 文件。此动作最通常的用法是用按钮控制影片剪辑,或控制时间轴。

(2) addEventListener()函数。

```
fl.addEventListener(eventType,callbackFunction)
```

功能说明:为一个事件添加一个监听,比如单击鼠标,键盘某个键被按下等。现在的程序都是事件驱动的,也就是必须要知道用户有哪些动作,才能知道要如何处理,事件监听就是起到这个作用的。

参数说明:

① eventType:一个字符串,指定要传递给此回调函数的事件类型。可接受值为"documentNew""documentOpened""documentCIosed""mouseMove""documentChanged""layerChanged"和"frameChanged"。

② callbackFunction:一个字符串,指定每次事件发生时要执行的函数。

示例:下面的示例实现在文档关闭时在"输出"面板中显示一条消息。

```
myFunction=function(){
fl.trace('documentwas0closef');}
Fl.addEventListener("documentCIosed",myfunction);
```

(3) gotoAndPlay()函数。

```
gotoAndPlay(scene,frame)
```

功能说明:转到指定场景中指定的帧并从该帧开始播放。如果未指定场景,则播放头将转到当前场景中的指定帧。

参数说明:

① scene:转到的场景的名称。

② frame:转到的帧的编号或标签。

示例:在下面的示例中,当用户单击已为其分配 gotoAndplay()的按钮时,播放头会移动到当前场景中的第 16 帧并开始播放 swf 文件。

```
On(keyPress"7"){
gotoAndPlay(16);
}
```

（4）gotoAndStop()函数

gotoAndStop(scene,frame)

功能说明：将播放头转到场景中指定的帧并停止播放。如果未指定场景，则播放头将转到当前场景中的帧。

参数说明：

① scene：转到的场景的名称。

② frame：转到的帧的编号或标签。

示例：在下面的示例中，当用户单击已为其分配 gotoAndStop()的按钮时，播放头将转到当前场景中的第 5 帧并且停止播放 swf 文件。

```
on(keyPress"8"){
gotoAndStop(5);
}
```

3.5.4 制作网站首页 Banner

网站首页的 Banner 主要用于宣传推广，一个动态效果的 Banner 往往会起到吸引人眼球，留住访客，让访客直观上了解网站的类型。下面来看一下"我的酷站"的首页 Banner 用 Flash 是如何实现的。

（1）双击打开"banner.fla"文件。

（2）双击图层 1 中的文字"图层 1"，并将其改为"背景"

（3）导入图片"banner_pic0.jpg"，如图 3.141 所示。

图 3.141 绘制的矩形

（4）选择工具箱中的选择工具，然后选择背景图层的第 2 帧，单击右键，在弹出的快捷菜单中选择"插入空白关键帧"命令，并且选择这一帧在舞台中的矩形，导入图片"banner_pic1.jpg"，如图 3.142 所示。

图 3.142 在空白关键帧导入图片

（5）重复步骤（4），在"背景"图层中新建第 3 帧、第 4 帧，分别导入"banner_pic3.jpg"和"banner_pic4.jpg"。这样就实现了图片的轮转播放效果。

（6）首页 banner 制作完成后，选择"文件"|"保存"菜单命令保存文件。通过按组合键可以将其转换为 swf 格式并进行效果的预览。

【归纳总结】

要制作哪些 Flash 元素是根据网页的实际需求来决定的，否则只会是画蛇添足。Flash 元素的制作要围绕网页的主题，不宜过大，从而破坏网页的层次及主次结构。在 Flash 元素的制作中必须学会熟练制作各种基本动画：逐帧动画、形状补间、运动补间动画、引导线动画、遮罩动画；会综合运用基本动画制作的技能制作图片播放器和广告；能综合运用各种基本动画，制作特殊效果的按钮和导航。

【项目训练】

小型商业网站的产品展示等 Flash 动画的制作。

（1）通过小组分析讨论的方式确定网站中有哪些地方需要用到 Flash 元素，并进行合理的分工。

（2）完成 Flash 动画的制作，小组讨论并对动画进行修改和完善。

（3）专人负责对每次的讨论以及讨论的结果进行记录。

 3.6 小结

本章主要是网站建设的前期准备，包括网站 LOGO 的设计制作，网站图片素材的收集美化处理，利用 Photoshop 软件设计网站页面及对设计稿裁切获取网页制作的素材，利用 Flash 软件制作网页动画等内容。通过本章的学习，要求熟练掌握 Photoshop 的基本操作,掌握 LOGO 设计的思想,学会规划网站界面,灵活运用色彩原理,网页布局知识,设计中多加入好的创意,根据网页的实际需求制作适合主题的网页动画来点缀页面。在出现问题时要努力想办法来解决,吸取每次制作中的经验和教训,这样就一定可以设计出满意的网页。

3.7 技能训练

3.7.1 裁切网站设计稿

【操作要求】

在文件夹第 3 章学生练习文件夹中找到"PS 切片技能训练. psd"文件,参照样图完成以下操作。

(1) 打开文档。启动 Photoshop 软件,打开"PS 切片技能训练. psd"文档。

(2) 创建切片:参照图 3.143 样图 A 所示完成对设计稿的切片操作。

(3) 编辑切片:根据切片内容,将创建的切片按命名规范重新编辑"名称"。

图 3.143　样图 A

(4) 导出切片:将切片图像导出到"J3.7.1"文件夹中,在"将优化结果存储为"对话框中选择"格式"为"仅限图像",切片为"所有用户切片",生成如图 3.144 样图 B 所示的 images 图片文件夹。

图 3.144 样图 B

3.7.2 Flash 动画设计

绘制菱形

【操作要求】

（1）新建源文件。

① 启动 Flash，新建一个名为"J3.7.2A.fla"的影片源文件。

② 设置影片属性，帧频为 20 fps，影片大小为 300 像素×300 像素。

（2）布置时间轴。

① 将第一层命名为"背景"，在该层上方添加 5 个层，从上到下依次命名为"动画""上左""上右""下右""下左"。

② 分别在"上左"层的第 14 帧、"上右"层的第 15 帧和第 29 帧、"下右"层的第 30 帧和第 45 帧、"下左"层的第 46 帧和第 60 帧处插入关键帧。

③ 在层"上左""上右""下右"的第 60 帧处插入非关键帧。

（3）制作动画。

① 导入"J3.7.2A.bmp"文件到"背景"层舞台的中央，作为影片的背景。

② 参照图 3.145 样图 C，按以下要求绘制关键帧。

a. 在层"上左"第 1 帧舞台的(35,140)处绘制线条，其笔触颜色为♯ffffff，笔触高度为 5 像素，宽度为 10 像素，高度为 10 像素。

b. 在层"上左"第 14 帧舞台的(35,35)处绘制线条，其笔触颜色为♯ffffff，笔触高度为 5 像素，宽度为 115 像素，高度为 115 像素。

c. 在层"上右"第 15 帧舞台的(150,35)处绘制线条，其笔触颜色为♯ffffff，笔触高度为 5 像素，宽度为 10 像素，高度为 10 像素。

d. 在层"上右"第 29 帧舞台的(150,35)处绘制线条，其笔触颜色为♯ffffff，笔触高度为 5 像素，宽度为 115 像素，高度为 115 像素。

e. 在层"下右"第 30 帧舞台的(255,150)处绘制线条,其笔触颜色为♯ffffff,笔触高度为 5 像素,宽度为 10 像素,高度为 10 像素。

f. 在层"下右"第 45 帧舞台的(150,150)处绘制线条,其笔触颜色为♯ffffff,笔触高度为 5 像素,宽度为 115 像素,高度为 115 像素。

g. 在层"下右"第 46 帧舞台的(140,255)处绘制线条,其笔触颜色为♯ffffff,笔触高度为 5 像素,宽度为 10 像素,高度为 10 像素。

h. 在层"下右"第 60 帧舞台的(35,150)处绘制线条,其笔触颜色为♯ffffff,笔触高度为 5 像素,宽度为 115 像素,高度为 115 像素。

i. 在以上操作的基础上设置相关关键帧的属性,使影片产生绘画矩形的效果,如图 3.145 所示。

(4) 制作影片剪辑。

① 复制"动画""上左""上右""下右""下左"层的所有帧。

② 新建一个名为"动画"的影片剪辑元件,将复制的帧粘贴到影片剪辑的时间轴上。

③ 删除主时间轴上的"动画""上左""上右""下右""下左"层的所有帧,把影片剪辑"动画"放在"动画"层第一帧的舞台中。

④ 设置动画实例的 X 为 35,Y 为 140。

⑤ 发布影片:保存影片为源文件,并生成 swf 文件。

图 3.145　样图 C

项目 4 实现网页结构

在项目 3 中已经使用 Photoshop 设计出网站首页及相关子页的效果图,接下来使用 Dreamweaver 将设计好的效果图做成能够在互联网上供浏览者浏览的网页。为了顺利地制作出完整的网站,首先需要在本地磁盘上制作网站,然后再把网站上传到互联网的 Web 服务器上,在本地磁盘上的网站称为本地站点,位于互联网 Web 服务器上的网站称为远程站点。

4.1 创建本地站点

【项目引入】

就像盖房子时需要足够的土地一样,制作网站也需要充分的操作空间。在制作网站之前,首先指定网站的操作空间——本地站点,然后再进入正式的操作阶段。操作者应该养成在开始所有操作之前预先设置本地站点,并保存文档的好习惯。

在网站开发初期,对站点进行仔细的规划和组织,可以为后期的工作节约时间,提高网页制作的效率。

【项目展示】

"我的酷站"站点结构如图 4.1 所示。

【项目实施】

4.1.1 规划目录结构

创建 Web 站点的第一步是规划。为了达到最佳效果,在创建任何 Web 站点页面之前,应对站点的结构进行设计和规划。根据策划书中的相关内容,决定要创建多少页,每页上显示什么内容,页面布局的外观,以及页与页之间是如何互相连接起来的。

图 4.1 "我的酷站"站点结构

1)建立"我的酷站"站点目录结构

根据项目任务 2.2 中制定的"我的酷站"项目策划书,将项目 3"我的酷站"前期准备中准备好的素材进行归类整理,并设计网站的站点结构。

(1)在 E 盘根目录下为站点创建一个根文件夹 wodekuzhan。

(2)在根文件夹下建立公共文件夹 images(公共图片)、css(样式表)、scripts(脚本语言)、doc(文字资料)、media(动画、视频多媒体文件)、backup(网站数据备份)等。

(3)如果网站栏目比较多,可以为网站主要栏目内容分别建立子目录。每个主要栏目文件夹下都建立独立的 images 文件夹,根文件夹下的 images 用来放首页和一些次要栏目的图片。

提示:站点目录的层次不要超过 3 层,以方便维护。

规划完成后的"我的酷站"网站站点部分目录结构如图 4.2 所示。

图 4.2　网站站点部分目录结构图

2)建立站点目录结构的注意点

(1)要符合文件或文件夹的一般命名规范。

(2)要遵循见名知义的原则对文件或文件夹进行命名。

(3)使用小写的英文字母或拼音进行命名,不要运用过长的目录。

(4)按栏目内容建立子目录。

(5)在每个一级目录或二级目录下都建立独立的 images 目录。

(6)目录的层次不要太深,建议不要超过 3 层,方便维护管理。

3)公共文件夹的命名约定

由于网站开发大多数是以团队的形式进行的,所以公共文件夹的命名就显得尤为重要,表 4.1 是常用公共文件夹的命名约定。

表 4.1　常用公共文件夹的命名约定

文件夹的命名	存放内容
images	公共图片
styles	样式表
common	脚本语言
ftps	上传、下载
doc	网站相关文字资料、文档
media	动画、视频多媒体文件
backup	网站数据备份
bbs	论坛文件夹

4.1.2 熟悉 Dreamweaver 工作区

在建立站点前,首先要熟悉工作区。Dreamweaver 提供了一个将全部元素置于一个窗口中的集成布局。在集成的工作区中,全部窗口和面板都被集成到一个更大的应用程序窗口中,如图 4.3 所示。

图 4.3 Dreamweaver 工作区

4.1.3 新建本地站点

Dreamweaver 是一个站点创建和管理的工具,因此使用它不仅可以创建单独的文档,还可以创建完整的 Web 站点。

1) 设置站点信息

(1) 启动 Dreamweaver,选择"站点"|"新建站点"菜单命令。

(2) 弹出"站点设置对象"对话框,如图 4.4 所示,Dreamweaver CC 对"站点设置对象"对话框已经做了归类,总体分成 4 个:站点、服务器、版本控制、高级设置,对普通用户而言只需要设置站点、服务器即可,版本控制和高级设置一般只有大型应用软件开发用得到。

站点设置方法:输入站点名称"我的酷站",在本地站点文件夹选择自己的工作文件夹"E:\wodekuzhan\"(将要存储 Web 文件),设置完站点后,如果不需要设置服务器信息则可以直接单击"保存"按钮。

提示:可以单击"文件夹图标"来浏览并选择相应的文件夹。

2) 设置服务器信息

站点信息设置完后,如果要设置服务器信息,先不要单击"保存"按钮,而是单击左侧的"服务器"按钮,如图 4.5 所示,开始设置服务器信息,Dreamweaver CC 把远程服务器和测试服务器设置项目都纳入服务器设置项目,单击图中的加号,增加一个服务器设置。

图 4.4 站点设置

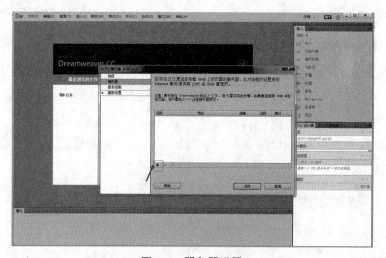

图 4.5 服务器设置

（1）如图 4.6 所示，在基本设置中输入服务器名称，这里选择的是"本地/网络测试"，服务器文件夹定位到测试目录即可。

图 4.6 "本地/网络"设置

如果需要设置编辑后直接上传到远程 Web 服务器,如图 4.7 所示,则可以通过 FTP、SFTP 等方式进行。

图 4.7 "FTP"设置

图 4.8 高级设置

(2) 如图 4.8 所示,在高级设置中只需要选择测试服务器模型即可,设置完成后单击"保存"按钮,可以看到服务器模型列表中已经有了最新的设置,如图 4.9 所示。

图 4.9 服务器模型列表

3) 保存设置

单击"保存"按钮,完成设置,Dreamweaver CC 会自动刷新当前站点缓存。

4.1.4 管理本地站点

站点创建好后,会在工作界面右侧的文件面板中显示设定为本地站点的文件夹中的所有文件及子文件夹。

1) 文件管理

在 Dreamweaver 中进行文件管理的操作与在 Windows 中使用资源管理器来进行文件管理的操作类似。

(1) 创建新文件。从欢迎屏幕创建空白页面。在"新建"列表中选择 HTML 或其他类型文件,如图 4.10 所示。

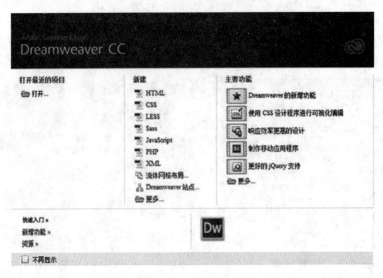

图 4.10 欢迎屏幕

从右侧的"文件"面板中创建空白页面。用右键单击"站点",在弹出的快捷菜单中选择
"新建文件"命令,如图 4.11 所示。

图 4.11 使用"文件"面板新建文件

图 4.12 使用"文件"面板管理文件

提示：网页的制作一般都是从首页开始的，所以可以先把新建的页面保存为"Index. htm"或"index. html5"文件。

（2）移动、复制和删除文件。

① 使用"文件"面板完成。选择"站点"|"编辑"|"剪切"菜单命令，进行相应编辑操作，如图4.12所示。

② 在 Windows 中通过资源管理器完成。

2）站点编辑

（1）编辑站点。如图4.13所示，站点的修改是在"管理站点"对话框中进行的，选择需要修改的站点后，单击"编辑"按钮，在站点创建向导中进行相应的修改。

（2）删除站点。站点的删除也是在"管理站点"对话框中进行的。选中要删除的站点，单击"删除"按钮。

提示：即使删除本地站点，实际的文件夹也不会被删除，而只是从文件面板中删除了该文件夹。

图4.13 "管理站点"对话框

【归纳总结】

本项目讲解了如何规划、建立和管理站点的内容。可以了解到在创建站点之前，不仅要设计好站点的风格，还要规划好站点内部的结构。在使用 Dreamweaver CC 设计网页前要对站点进行定义。通过 Dreamweaver CC 可以很方便地对站点进行各种管理操作。

此外，站点中文件及文件夹的命名也是一个重点，切忌使用中文或无意义的序列号。

【项目训练】

根据策划书中的站点规划对网站中各类素材进行整理归档，绘制出站点目录结构图，并完成小型商业网站的站点建立。

 4.2 设置首页文字段落与图片

【项目引入】

文字和图片是网页的两大构成元素，缺一不可。文字提供给用户大量信息；图片不仅能够增加网页的吸引力，同时也大大地提升了用户在浏览网页时的体验。因此重视页面上的每一个文字和每一幅图片是网站制作者最基本的要求。

文字，需要符合排版要求；图片需符合网络传输及专题需要，必须精选。

【项目展示】

设置首页文字段落与图片后的首页效果如图4.14所示。

我的酷站

✎申请♡收藏

网站建设要遵循的原则

网站建设要展示出网站自己的风格

每一个用户对页面的外观是否美观的标准都是不一样的。有些用户比较偏向于页面的精美设计,有些用户比较喜欢功能强大的页面,而有些用户则喜欢有个性的页面。

网站的交互功能

建设一个网站,一定要考虑一个问题,怎样好好利用仅有的资源做好网站的配色,网站的构架等等因素,对这些问题有一个大概的方向,再开始建设网站就比较快。

网站内容的优化

每个站长都知道,网站的内容是网站的核心。但要注意,网站的内容千万不要出现过多的图片,图片元素会影响网站的加载速度。

更多特性

图 4.14　设置文字段落与图片的首页效果

【项目实施】

4.2.1　掌握 HTML5 的基本概念

在项目任务 4.1 中已经建立了"我的酷站"站点,并建立了相关的目录结构,新建了主页文件"index. html"。在为其添加文本、图片等网页内容之前,先来了解一下浏览器是如何显示网页内容的。我们可以通过浏览器查看已有网页的源代码,如图 4.15 和图 4.16 所示,这些源代码就是浏览器可以"理解"的一种计算机语言。

图 4.15　网页效果

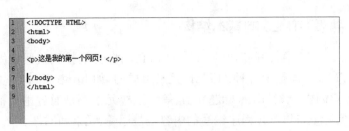

图 4.16　查看网页源代码

早期的 HTML 版本不仅用标签元素描述网页的内容结构,而且还用标签元素描述网页的排版布局。我们知道,在网页的设计中,网页的内容结构一般变化较小,但是网页的排版布局可以千变万化。因此,当需要改变网页的布局时,就必须大量地修改 HTML 文档,这给网页的设计开发带来了很多的不便。从 HTML4.0 开始,为了简化程序的开发,HTML 已经尽量将"网页的内容结构"与"网页的排版布局"分开。它的主要原则如下:

(1) 用标签元素描述网页的内容结构;

(2) 用 CSS 描述网页的排版布局;

(3) 用 JavaScript 描述网页的事件处理,即鼠标或键盘在网页元素上的动作后的程序。

本书将以 HTML5 规范为标准进行讲解。

1) HTML5 文件的特点

(1) HTML5 文件是一种包含成对标签元素的普通文本文件。因此,我们可以用任意一种文本编辑器来编写,例如 Windows 中的记事本、写字板等应用软件,也可以使用任何一种编辑 HTML5 文件的工具软件,例如 Adobe 的 Dreamweaver 和 Microsoft 的 FrontPage 等。这里我们使用 Adobe 的 Dreamweaver 来编写网页。

(2) HTML5 文件必须以".htm"或".html"作为扩展名。两者并没有太大的区别,只是对于一些老式计算机系统,限制文件的扩展名只能由 3 个字母组成,那么使用".htm"就会更为安全。本书的示例中将使用".html"作为扩展名。

(3) HTML5 文件可以在大多数流行的网页浏览器上显示,如目前流行的 Microsoft 的 Internet Explorer(简称 IE)和 Mozilla 的 Firefox(简称 Firefox)等。本书将使用 Mozilla 的 Firefox 浏览器显示网页。

2) 与 HTML 相比,HTML5 拥有强大的的新功能

(1) 强大的绘图功能

可能有些动画,或者图片,在 html5 可以通过强大的绘画功能,加上 JS 可以实现。而在 html4.0 却不行。

(2) 新增视频标签

可能在 html4.0 的时候,我们想要插入一段视频,还需要引用一长段的代码。但是在 html5 的情况下。我们只需要用于一个 video 标签即可。

＜videosrc="视频地址"＞＜/video＞

总的来说,html5 增加了新标签,功能更多了,是 html 的升级版。

4.2.2 熟悉 HTML5 的基本结构

在 Dreamweaver CC 中打开新建的 index. html 文档,并切换到代码视图,如图 4.17 所示,可以看到,HTML 文档是由各种 HTML 元素组成的,如 html(HTML 文档)元素、head(头部)元素、body(主体)元素、title(标题)元素等。这些元素都是通过用尖括号组成的标签形式来表现的。实际上,HTML 程序编写的内容就是标签、元素和属性。

```
1  <!doctype html>
2  <html>
3  <head>
4  <meta http-eql.uv="Content-Type"content="text/html;charset=utf-8">
5  <title>无标题文档</title>
6  </head>
7
8  <body>
9  </body>
10 </html>
```

图 4.17　index. html 源代码

1) 标签、元素和属性

(1) 标签。从 index. html 源代码中可以看出,HTML 标签是由一对尖括号及标签名称组成的,如<html>。HTML 标签通常是成对出现的,比如<title>和</title>,标签对中的第一个标签是开始标签,第二个标签是结束标签;也有单独呈现的标签,如:<meta http-eql. uv="Content-Type"content="text/html;charset=utf-8">。一般成对出现的标签,其内容在两个标签中间。单独呈现的标签,则在标签属性中赋值。标签名称大小写是不敏感的,如<html>和<HTML>的效果是一样的,但是这里推荐使用小写字母,因为在XHTML 中规定标签名称必须是小写字母。

网页的内容需放在<html>标签中,标题、字符格式、语言、兼容性、关键字、描述等信息显示在<head>标签中,而网页需展示的内容则嵌套在<body>标签中。某些时候不按照标准书写代码虽然可以正常显示,但是作为职业素养,还是应该养成正规编写的习惯。

(2) 元素。HTML 元素指的是从开始标签到结束标签的所有代码。HTML 元素以开始标签起始,以结束标签终止,元素的内容是开始标签与结束标签之间的内容。HTML 元素分为"有内容的元素"和"空元素"两种。前者包括开始标签、结束标签及两者之间的内容,如<title>无标题文档</title>。后者则只有开始标签而没有结束标签和内容,如
。在 XHTML、XML 及未来版本的 HTML 中,所有元素都必须被关闭。在开始标签中添加斜杠,比如
,是关闭空元素的正确方法,HTML、XHTML 和 XML 都接受这种方式。

元素分为块元素与内联元素,块元素前后都有换行符,而内联元素总是在网页中随着文字流出现在"行内"。如后面将要学到的 hi、P、ul、div 等属于块元素,而 a、em、img 等属于内联元素。

(3) 属性。在元素的开始标签中,还可以包含"属性"来表示元素的其他特性,它的格式是:<标签名称属性名:"属性值">,例如在超链接标签<ahref-"http://www. sdwrp. com">博客园</a>中使用了属性 href 来指定超链接的地址。属性值对大小写是不敏感的,也没有规定属性值一定要在引号中,但为了养成良好的编程习惯,还是应该统一在属性值外面加上双引号。

2）HTML5 的基本结构

从图 4.18 中可以看出，HTML 的基本结构如下：

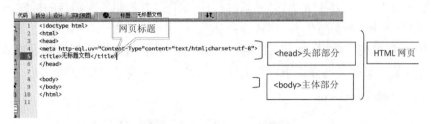

图 4.18　HTML 的基本结构

其中，

<! doctype>：向浏览器说明文档遵循的 HTML 标准的版本。

<html>：通常在此定义网页的文件格式。

<head>：表头区，记录文件基本资料，包括标题和其他说明信息等。

<title>：标题区，必须在表头区内使用，定义浏览该 HTML5 文件时在浏览器窗口中的标题栏上显示的标题。

<body>：文本区，记录文件内容，即在浏览器中浏览该 HTML5 文件时在浏览器窗口中显示的内容。

4.2.3　插入文本与段落

"我的酷站"主要是通过独立的第三方数据分析为网络营销从业者提供客观、公正的网络营销指导建议，现正式投放市场的有"网站建设要遵循的原则""营销更加智能化'三网合一'""营销模式多元化"三大应用。在首页中需要简要介绍这 3 部分内容，并且插入网站的 LOGO，效果如图 4.14 所示。

1）插入文本

首先在网页中输入文本，除了可以在网页中直接输入文本外，还可以将事先准备好的文件中的文本插入到网页中，具体操作步骤如下：

（1）在文件面板中找到要插入的文本所在的文件，在 Dreamweaver 中打开。

（2）选择要复制的内容，在网页中进行粘贴。插入文本后效果如图 4.19 所示。

代码　拆分　设计　实时视图　　标题 index.html　　↑↓
网站建设要遵循的原则 网站建设要展示出网站自己的风格 每一个用户对页面的外观是否美观的标准都是不一样的。有些用户比较偏向于页面的精美设计，有些用户比较喜欢功能强大的页面，而有些用户则喜欢个性的页面。 网站的交互功能 建设一个网站，一定要考虑一个问题，怎样好好利用仅有的资源做好网站的配色，网站的构架等等因素，对这些问题有一个大概的方向，再开始建设网站就比较快。网站内容的优化每个站长都知道，网站的内容是网站的核心。但要注意，网站的内容千万不要出现过多的图片，图片元素会影响网站的加载速度。更多特性

图 4.19　插入文本后的效果

提示：建议事先准备好文字素材，这样能够做到分工明确，有利于团队合作。

2）文本的分段与换行

把文本文件中的文字素材复制到网页文档中时，不会自动换行或者分段，当文字内容比较多时，就必须换行和分段，这样可以使文档内容便于阅读。

分段直接按<Enter>键即可，而换行要按<Shift＋Enter>组合键。

在这里,我们使用代码视图,通过为文本加上合适的标签来进行分段与换行。

(1) 标题标签<hn>。一般文章都有标题、副标题、章和节等结构,HTML 中也提供了相应的标题标记<hn>,其中 n 为标题的等级,HTML 总共提供 6 个等级的标题,n 越小,标题字号就越大。<hn>标记的一般格式为:<hn>标题<n>(n−1,…,6)。

在首页中,需要将"网站流量分析""网站体检"和"网站小护士"设置为标题格式,在这里使用<h2>标签。每部分的介绍小标题则使用<h3>标签,如图 4.20 所示。

```
<h2>网站建设要遵循的原则</h2>

<h3>网站建设要展示出网站自己的风格</h3>
            每一个用户对页面的外观是否美观的标准都是不一样的。有些用户比较偏向于页面的精美设计,有些用户比较喜
欢功能强大的页面,而有些用户则喜欢有个性的页面。
<h3 >网站的交互功能</h3>
            建设一个网站,一定要考虑一个问题,怎样好好利用仅有的资源做好网站的配色,网站的构架等等因素,对这些
问题有一个大概的方向,再开始建设网站就比较快。
<h3>网站内容的优化</h3>
            每个站长都知道,网站的内容是网站的核心。但要注意,网站的内容千万不要出现过多的图片,图片元素会影响
网站的加载速度。
            更多特性
```

图 4.20 设置文本标题

提示:在代码视图中编写代码时要注意代码缩进等编码规范。

(2) 段落标签<p></p>。为了使文字排列得整齐、清晰,文字段落之间常用<p></p>来做标记。文件段落的开始由<p>来标记,段落的结束由</p>来标记,如图 4.21 所示。

```
<h2>网站建设要遵循的原则</h2>

<h3>网站建设要展示出网站自己的风格</h3>
<p>每一个用户对页面的外观是否美观的标准都是不一样的。有些用户比较偏向于页面的精美设计,有些用户比较喜欢功能强大
的页面,而有些用户则喜欢有个性的页面。</p>
<h3 >网站的交互功能</h3>
<p>建设一个网站,一定要考虑一个问题,怎样好好利用仅有的资源做好网站的配色,网站的构架等等因素,对这些问题有一个
大概的方向,再开始建设网站就比较快。</p>
<h3 >网站内容的优化</h3>
<p>每个站长都知道,网站的内容是网站的核心。但要注意,网站的内容千万不要出现过多的图片,图片元素会影响网站的加载速度。</p>
更多特性
</body>
</html>
```

图 4.21 设置文本段落

(3) 换行标签
。在 HTML 文本显示中,默认是将一行文字连续地显示出来,如果想把一个句子后半句的内容在下一行显示,就会用到换行符
。换行符号标签是个单标,也叫空标签,不包含任何内容,在 HTML5 文件中的任何位置只要使用了
标签,当文件显示在浏览器中时,该标签之后的内容将在下一行显示。

4.2.4 添加图像

在首页中,还需要插入"我的酷站"网站的 LOGO。在 Dreamweaver 中,给网页添加图像时,可以设置或修改图像属性并直接在"文档"窗口中查看所做的更改。

1) 插入图像

(1) 将插入点放置在要显示图像的地方。

(2) 在"常用"插入栏中单击"图像"图标。

(3) 打开"选择图像源文件"对话框进行选择,这里选择"logo. gif"文件,如图 4.22 所示。

图 4.22　"选择图像源文件"对话框

2) 图像标签

图像在 HTML5 代码中用 img 来表示,其基本的代码写法是:<imgsrc—"♯a"alt"♯b" align—"♯c"border—"♯d">

♯a 为图片的 URL,关于 URL 就是指图片的绝对地址或者相对于当前网页的相对地址 (考虑到网站的可移植性,建议使用相对地址)。

♯b 为浏览器尚未完全读入图像时,在图像位置显示的文字。也是图像显示以后,当鼠标放在图片上时所显示的文字。

♯c:left、center、right,使用图像的 align 属性,left 居左,center 居中,right 居右。如< imgsrc="lmages/logo. img"align="left">。

♯d 为数字,指的是这个图像的边框宽度。

在代码视图中,使用 img 标签为网页中的"申请"和"收藏"添加图标,如图 4.23 所示。

```
<body>

<img src="images/logo.gif" width="234" height="79" alt=""/>
<img src="images/reg_icon.gif" width="16" height="14" alt=""/>申请
<img src="images/collect_icon.gif" width="16" height="14" alt=""/>收藏
<h2>网站建设要遵循的原则</h2>
```

图 4.23　img 标签

添加图标后最终得到的效果如图 4.14 所示。

4.2.5　插入特殊符号

首页中插入文本和图像以后,我们发现"更多特性"后面需要加入一个空格和两个">" 符号,这时就需要使用"插入"菜单栏,单击"字符"图标的子菜单栏,选择需要的符号, 如图 4.24 所示。

除了使用 Dreamweaver 提供的可视化工具菜单外,还可以通过添加特殊符号对应的 HTML 代码来完成,常用的特殊符号对应的 HTML 代码如图 4.25 所示。

图 4.24　插入工具栏常用的特殊符号

HTML 原代码	显示结果	描述
&lt;	<	小于号或显示标记
&gt;	>	大于号或显示标记
&amp;	&	可用于显示其他特殊字符
&quot;	"	引号
&reg;	®	已注册
&copy;	©	版权
&trade;	™	商标
		半个空白位
		一个空白位
		不断行的空白

图 4.25　常用的特殊符号对应的 HTML 代码

在"更多特性"后面,输入" >>",就得到如图 4.14 所示的效果。

【归纳总结】

　　要制作网页,必须掌握 HTML 的基本概念和基本结构。文本和图像是网页中最基本的对象。应掌握在网页中插入文本的相关操作,同时学会文本段落的相关设置和对应标签的使用方法,并能熟练在网页中添加图像和特殊字符。

【项目训练】

运用学会的技能,在小型商业网站的首页中插入文本和图像,把自己的项目进行完善,注意HTML代码的书写规范。

 4.3 创建首页中列表

【项目引入】

列表在网站设计中占有比较大的比重,用列表显示信息非常整齐直观,便于用户理解。列表与后面的 CSS 样式结合还能实现很多高级应用。HTML 列表主要包括无序列表、有序列表和自定义列表。

首页中"他们正在使用""酷站日志"和"信息动态"都是使用列表来实现的。

【项目展示】

创建列表后的部分效果如图 4.26 所示。

图 4.26 创建列表后的首页效果

【项目实施】

4.3.1 创建无序列表

HTML5 的列表元素是一个由列表标签封闭的结构,包含的列表项由<li></li>组成。无序列表就是列表结构中的列表项没有先后顺序的列表形式。大部分网页应用中的列表均采用无序列表,其列表标签采用<ul></ul>。编写方法如下:

```
<ul>
<li></li>
<li></li>
<li></li>
```

```
</ul>
```

在 index. html 代码视图中输入以下代码,可以实现"他们正在使用"的列表效果,如图 4.25 所示。

```
<ul>
<li><imgsrc="images/f_link_pic1. gif"alt=""/></li>
<li><imgsrc="images/f_link_pic2. gif"alt=""/></li>
<li><imgsrc="images/f_link_pic3. gif"alt=""/></li>
……
</ul>
```

"酷站日志"也可以使用相同的方法来实现,效果如图 4.26 所示。

4.3.2　创建有序列表

有序列表就是列表结构中的列表项有先后顺序的列表形式,从上到下可以有各种不同的序列编号,如 1、2、3 或 a、b、c 等。有序列表的标签为<ol></ol>。编写方法如下:

```
<ol>
<li></li>
<li></li>
<li></li>
</ol>
```

在 index. html 代码视图中输入以下代码,可以实现"信息动态"的列表效果,如图 4.25 所示。

```
<ol>
<li>山东水利职业学院山东水利职业学院……</li>
<li>山东水利职业学院山东水利职业学院……</li>
<li>山东水利职业学院山东水利职业学院……</li>
</ol>
```

4.3.3　创建自定义列表

自定义列表不是一个项目的序列,它是一系列条目和它们的解释。自定义列表的开始使用<dl>标签,列表中每个元素的标题使用<dt>定义,后面跟随<dd>,用于描述列表中元素的内容。自定义列表的定义(标签<dd>)中可以加入段落、换行、图像、链接、其他的列表等。编写方法如下:

```
<dl>
<dl></dt>
<dd></dd>
<dl></dt>
<dd></dd>
</dl>
```

下面给出一个自定义列表示例,其在浏览器中预览的效果如图 4.27 所示。

```
<dl>
<dt>Internet</dt>
<dd>目前用得最多。</dd>
<dt>@</dt>
<dt>123@qq.com</dt>
<dd>邮箱地址</dd>
<dt>互联网+</dt>
<dd>是创新2.0下的互联网发展的新业态</dd>
<dd>是互联网思维的进一步实践成果</dd>
</dl>
```

图 4.27　自定义列表效果

提示:不一定每个 dt 标签要对应一个 dd,可以一对多或多对一(就像上面的例子)。

【归纳总结】

使用列表来整理一些排行表、日志等条目式的内容非常清晰且有层次感。列表和 CSS 结合还能制作各种导航、图像展示等效果,在网页中有很多的应用,因此应该熟练掌握列表的使用方法并灵活应用。

【项目训练】

运用学会的技能,在小型商业网站的首页中使用列表整理页面内容,完善项目,合理使用列表类型。

 ## 4.4　插入首页表格

【项目引入】

在网页制作中,表格是不可缺少的元素,它可以作为一种在网上显示列表数据的手段,使 Web 设计人员可以快速地表示价格列表、统计比较、电子表格、图表等。它以简洁明了和高效快捷的方式将图片、文本、数据和表单元素有序地显示在页面上,让我们可以设计出漂亮的页面。使用表格排版的页面在不同平台、不同分辨率的浏览器里都能保持其原有的布局,有较好的兼容性,所以表格是网页中最常用的排版方式之一。但为了符合新的 Web 标准,目前表格布局已逐步被 DIV+CSS 布局方式所替代。但其作为排版数据的功能依然受到设计人员的青睐。

【项目展示】

首页中"体检网站排行榜"就可以使用表格来实现,效果如图 4.28 所示。

图 4.28　插入数据表格效果

【项目实施】

4.4.1　创建表格

要在首页中实现"体检网站排行榜"这个数据表格,首先要创建表格,然后在单元格中输入数据即可完成。

在文档窗口中,将光标放在需要创建表格的位置,单击插入菜单栏中的"表格"选项(如图 4.29 所示),弹出"表格"对话框(如图 4.30 所示),指定表格的属性后,在文档窗口中插入设置的表格。

图 4.29　"常用"插入栏

图 4.30　"表格"对话框

（1）"行数"文本框用来设置表格的行数，此处为 7 行。

（2）"列"文本框用来设置表格的列数，此处为 4 列。

（3）"表格宽度"文本框用来设置表格的宽度，可以填入数值，紧随其后的下拉列表框用来设置宽度的单位，有两个选项——百分比和像素。当宽度的单位选择百分比时，表格的宽度会随浏览器窗口的大小而改变。此处设置了 200 像素。

（4）"单元格边距"文本框用来设置单元格的内部空白的大小，此处为 0。

（5）"单元格间距"文本框用来设置单元格与单元格之间的距离，此处为 0。

（6）"边框粗细"用来设置表格的边框宽度，此处为 1。

（7）"标题"定义表格的标题格式。

⇒ 4.4.2　编辑表格

为了达到预期的效果，有时候需要对表格进行编辑。表格的编辑包括表格和单元格属性的设置。

1）选择表格对象

对于表格、行、列、单元格属性的设置都是以选择这些对象为前提的。

（1）选择整个表格。选择整个表格的方法是把鼠标放在表格边框的任意处后单击，当出现这样的标志时单击即可选中整个表格，或在表格内任意处单击，然后在状态栏选中＜table＞标签即可；或在单元格任意处单击鼠标右键，在弹出的菜单中选择"表格"|"选择表格"命令。

（2）选择单元格。要选中某一单元格，按住"Ctrl"键，在需要选中的单元格上单击即可；或者选中状态栏中的＜td＞标签。

若要选中连续的单元格，按住鼠标左键从一个单元格的左上方开始，向要连续选择单元格的方向拖动。如要选中不连续的几个单元格，可以按住"Ctrl"键，单击要选择的所有单元格即可。

（3）选择行或列。要选择某一行或某一列，将光标移动到行左侧或列上方，鼠标指针变为向右或向下的箭头图标时，单击即可。

2）设置表格属性

选中一个表格后，可以通过"表格"属性面板（如图 4.31 所示）更改表格属性。

图 4.31　"表格"属性面板

（1）"Align"下拉列表框用来设置表格的对齐方式，默认的对齐方式一般为左对齐。

（2）"Border"文本框用来设置表格边框的宽度。

（3）"CellPad"文本框用来设置表格单元格的内部空白的大小。

（4）"CellSpace"用来设置表格单元格之间的大小。

3）设置单元格属性

把光标移动到某个单元格内，可以利用"单元格"属性面板（如图 4.32 所示）对这个单元格的属性进行设置。

图 4.32　"单元格"属性面板

（1）"水平"文本框用来设置单元格内元素的水平排版方式，是居左、居右或是居中。

（2）"垂直"文本框用来设置单元格内的垂直排版方式，是顶端对齐、底端对齐或是居中对齐。

（3）"宽""高"文本框用来设置单元格的宽度和高度。

（4）"不换行"复选框可以防止单元格中较长的文本自动换行。

（5）"标题"复选框使选择的单元格成为标题单元格，单元格内的文字自动以标题格式显示出来。

（6）"背景颜色"文本框用来设置单元格的背景颜色。

4）设置表格的行与列

选中要插入行或列的单元格，单击鼠标右键，在弹出的菜单中选择"插入行""插入列"或"插入行或列"命令，如图 4.33 所示。

图 4.33　"单元格"快捷菜单

如果选择了"插入行"命令，在选择行的上方就插入了一个空白行，如果选择了"插入列"命令，就在选择列的左侧插入了一个空白列。

如果选择了"插入行或列"命令,会弹出"插入行或列"对话框(如图 4.34 所示),可以设置插入行还是列、插入的数量,以及是在当前选择的单元格的上方或下方、左侧或右侧插入行或列。

若要删除行或列,先选择要删除的行或列,然后单击鼠标右键,在弹出的菜单中选择"删除行"或"删除列"命令即可。

图 4.34　"插入行或列"对话框

5) 拆分与合并单元格

拆分单元格时,将光标放在待拆分的单元格内,单击属性面板上的"拆分"按钮,在弹出的对话框(如图 4.35 所示)中,按需要设置即可。

图 4.35　拆分与合并单元格

合并单元格时,选中要合并的单元格,单击属性面板中的"合并"按钮即可。

4.4.3　了解嵌套表格

表格之中还有表格即嵌套表格。网页的排版有时会很复杂,在外部需要一个表格来控制总体布局,如果内部排版的细节也通过总表格来实现,容易引起行高、列宽等的冲突,给表格的制作带来困难。另外,浏览器在解析网页的时候,是将整个网页的结构下载完毕之后才显示表格,如果不使用嵌套,表格非常复杂,浏览者要等待很长时间才能看到网页内容。

引入嵌套表格,由总表格负责整体排版,由嵌套的表格负责各个子栏目的排版,并插入到总表格的相应位置中,各司其职,互不冲突。

另外,通过嵌套表格,利用表格的背景图像、边框、单元格间距和单元格边距等属性可以得到漂亮的边框效果,制作出精美的音画贴图网页。

提示:嵌套表格的宽度受表格单元的限制,也就是说所插入的表格宽度不会大于容纳它的单元格宽度。

表格嵌套中,宽度建议设置为百分比值,但有时根据需要也要将百分比值更改为像素值。具体操作如下:先选中表格,然后单击属性面板中的"转换为像素"按钮,就会将表格宽度从百分比相对值转换为实际像素值,再单击旁边的"转换为百分比值"按钮,又可将表格宽度转换为百分比相对值,具体如图 4.36 所示。

图 4.36　像素与百分比值

4.4.4 熟悉表格标签

除了用设计视图创建和编辑表格以外,也可以直接在代码视图中插入表格标签来完成表格的创建。

常用表格标签包括 table(表格)标签、tr(表格行)标签、th(表头)标签和 td(表格单元格)标签,它们组成了 HTML 的基本表格结构。更复杂的表格还可能包括 caption、col、colgroup、thead、tfoot 及 tbody 元素。如图 4.37 所示为"体检网站排行榜"的部分表格结构。

```
10  <table>
11    <tr>
12      <td width="18">1</td>
13      <td width="126">www.sdwrp.com</td>
14      <td width="46"> </td>
15      <td width="110"><span>85</span>分</td>
16    </tr>
17    <tr>
18      <td>2</td>
19      <td>www.sdwrp.com</td>
20      <td> </td>
21      <td><span>85</span>分</td>
22    </tr>
23    <tr>
24      <td>3</td>
25      <td>www.sdwrp.com</td>
26      <td> </td>
27      <td><span>85</span>分</td>
28    </tr>
29    <tr>
30      <td>4</td>
31      <td>www.sdwrp.com</td>
32      <td> </td>
33      <td><span>85</span>分</td>
34    </tr>
35  </table>
```

图 4.37　表格结构

1) 表格属性

table 标签的常用属性如表 4.2 所示,其中 Width、Border、CellSpace 和 CellPad 属性的度量单位有两种,即百分数和像素。当使用百分数作为单位时,其值为相对于上一级元素宽度的百分数,并用符号%表示,它不是一个固定值。以像素为单位时,宽度固定,但网页显示其宽度时取决于用户显示器的尺寸,因此一个 600 像素的表格在宽度为 1024 像素的显示器中就会比在宽度为 1 280 像素的显示器中显得大一些。

表 4.2　table 标签的常用属性

属性名	意　　义
Width	表格宽度(百分数或像素)
Border	表格线宽度(百分数或像素)
CellSpace	表格单元格边距(百分数或像素)(如图 4.31 所示)
CellPad	表格单元格间距(百分数或像素)(如图 4.31 所示)

2) 表格行、单元格属性

tr 标签的常用属性如表 4.3 所示,th 和 td 标签的常用属性如表 4.4 所示。这些标签的属性中都有 Align 和 Valign 属性。如果在 th 标签和 td 标签中不设置 Align 和 Valign 属性,则默认情况下,th 标签在水平和垂直方向上都为居中对齐、加粗显示,td 标签在水平方向上为左对齐,垂直方向为居中对齐。

表 4.3 tr 标签的常用属性

属性名	意 义
Align	行元素中所包含元素的水平对齐方式，常用值为 left、center 和 right 等
Valign	行元素中所包含元素的垂直对齐方式，常用值为 top、middle 和 bottom 等

表 4.4 th 和 td 标签的常用属性

属性名	意 义
Colspan	列方向合并
Rowspan	行方向合并
Align	水平对齐方式，常用值为 left、center 和 right 等
Valign	垂直对齐方式，常用值为 top、middle 和 bottom 等

Align 和属性主要用在表格排版中，而按照 HTML5 的设计原则，网页的布局应尽量通过表格来实现，而不是通过元素的属性设置来实现，所以尽量避免用属性来排版网页。

【归纳总结】

表格能够很好地排版网页中的文本、图像、列表等元素，能够整齐地显示数据。掌握表格和单元格的属性能够使我们对表格有一个全面的认识，进而更好地去应用表格。表格也是制作网页时的布局工具之一，所以熟练掌握它的应用方法就显得非常重要。

要掌握表格的应用，一定要多上机练习，出现问题时要努力想办法解决，并且要吸取每次的经验和教训。

【项目训练】

（1）参照"我的酷站"首页效果图，运用所学知识，完成首页中页脚部分"关注我们""手机浏览"及版权部分的制作，如图 4.38 所示。

图 4.38 页脚部分

（2）参照自己的项目效果图，在首页中需要应用表格的地方加入表格，并插入对应的文本、图片等，继续完善首页。

 # 4.5　插入首页表单

【项目引入】

通过前面的制作，除了"banner"效果与"会员登录"外，已经基本完成了首页内容部分的制作，在这个项目中我们来完成"会员登录"部分的制作。在"会员登录"中需要收集会员的信息，因此要通过表单来实现。

表单（form）用于收集用户输入的信息，然后将用户输入的信息送到它的 action 属性所表示的程序文件中进行处理。表单有很多应用，如登录、注册、调查问卷、用户订单等。

【项目展示】

"会员登录"页面的效果如图 4.39 所示。

【项目实施】

图 4.39　"会员登录"页面的效果

4.5.1　认识表单

在使用表单制作"会员登录"效果前，我们先来看看表单是如何工作的。表单有哪些对象？它们对应的 HTML 标签是什么？

1）表单的工作过程

（1）访问者在浏览有表单的页面时，可填写必要的信息，然后单击"提交"按钮。

（2）这些信息通过 Internet 传送到服务器上。

（3）服务器上有专门的程序对这些数据进行处理，如果有错误则返回错误信息，并要求纠正错误。

（4）当数据完整无误后，服务器反馈一个输入完成信息。

2）表单对象

在 Dreamweaver 中，表单的输入类型称为表单对象。可以通过选择"插入"|"表单对象"菜单命令来插入表单对象，或者通过如图 4.40 显示的"插入"栏的"表单"面板来插入表单对象。

（1）表单（form）。在文档中插入表单（form）。任何其他表单对象，如文本域、按钮等，都必须插入表单之

图 4.40　"表单"面板

中,这样所有浏览器才能正确处理这些数据。其语法格式如下:

<form name="form1"method="post"action=""></form>

(2) 文本字段(input type－"text/password")和文本区域(textarea)。文本字段可接受任何类型的字母数字项。输入的文本可以显示为单行、多行(文本区域)或者显示为项目符号或星号(用于保护密码)。其语法格式如下:

<input type="text"name="textfield"id="textfield"/>
<input type="password"name="textfield"id="textfield"/>
<textarea name="textarea"id="textarea"cols="45"rows="5"></textarea>
</textarea>

(3) 复选框(input type－"checkbox")。复选框允许在一组选项中选择多项,用户可以选择任意多个适用的选项。其语法格式如下:

<input type="checkbox"name="checkbox"id="checkbox"/>

(4) 单选按钮(input type－"radio")。单选按钮代表互相排斥的选择。选择一组中的某个按钮,就会取消选择该组中的所有其他按钮。例如,用户可以选择"是"或"否"按钮。其语法格式如下:

<input type="radio"name="radio"id="radio"value="radio"/>

(5) 选择(列表/菜单)(select 和 option)。选择(列表/菜单)可以在列表中创建用户选项。"列表"选项在滚动列表中显示选项值,并允许用户在列表中选择多个选项。"菜单"选项在弹出式菜单中显示选项值,而且只允许用户选择一个选项。其语法格式如下:

<select name="select"id="select">
<option value=""selected="selected"disabled></option>
<option value=""selected="selected"disabled></option>
<option value=""selected="selected"disabled></option>
</select>

(6) 跳转菜单(select 和 option)。跳转菜单插入可导航的列表或弹出式菜单。跳转菜单允许插入一种菜单,这种菜单中的每个选项都链接到文档或文件中。其语法格式如下:

<select name="jumpMenun" id="jumpMenu"onChange="MM_JumpMenu('parent'this,0)">
<option>项目 1</option>
<option>项目 2</option>
</select>

(7) 图像域(input type="image")。图像域使用户可以在表单中插入图像。可以使用图像域替换"提交"按钮,以生成图形化按钮。其语法格式如下:

<input type="image"name="imageField"id="imageField"src="image/1-1.png">

(8) 文件域(input type－"file")。文件域在文档中插入空白文本域和"浏览"按钮。文件域使用户可以浏览到其硬盘上的文件,并将这些文件作为表单数据上传。其语法格式

如下:

<input type="file"name="fileField"id="fileField">

(9)按钮(input type="submit/reset")。按钮在单击时执行任务,如提交或重置表单。可以为按钮添加自定义名称或标签,或者使用预定义的"提交"或"重置"标签之一。其语法格式如下:

<input type="sunmit"name="button"id="button"value="提交">
<input type="reset"name="button"id="button"value="重置">

(10)标签(label)。在文档中给表单加上标签,以<label></label>形式开头和结尾。

<label></label>

表单是动态网页的灵魂,认识了表单,那么创建和使用表单时就可以根据需要进行选择。

4.5.2 创建表单

在首页中添加"会员登录"表单。首先必须创建表单,表单在浏览网页中属于不可见元素。在 Dreamweaver 中插入一个表单,当页面处于"设计"视图中时,用红色的虚轮廓线指示表单。如果没有看到此轮廓线,请检查是否选中了"查看"|"可视化助理"|"不可见元素"菜单命令。

(1)将插入点放在希望表单出现的位置。选择"插入"|"表单"菜单命令,或选择"插入"栏上的"表单"类别,然后单击"表单"图标。插入表单后的效果如图 4.41 所示。

图 4.41 插入表单后的效果

(2)用鼠标选中表单,在属性面板上可以设置表单的各项属性,如图 4.42 所示。

图 4.42 表单属性

① 在"Action"文本框中指定处理该表单数据的脚本程序的路径。

② 在"Method"下拉列表中选择将表单数据传输到服务器的方法。有 POST 和 GET 两

种方法可选。POST 在 HTTP 请求中嵌入表单数据;GET 将值追加到请求该页的 URL 中。使用浏览器的默认设置将表单数据发送到服务器上。通常默认方法为 GET 方法。不要使用 GET 方法发送长表单。URL 的长度限制在 8192 个字符以内。如果发送的数据量太大,数据将被截断,从而导致意外的或失败的处理结果。而且,在发送机密用户名和密码、信用卡号或其他机密信息时,不要使用 GET 方法。用 GET 方法传递信息不安全。

③ 在"Target"弹出式菜单中指定一个窗口,在该窗口中显示调用程序所返回的数据。如果命名的窗口尚未打开,则打开一个具有该名称的新窗口。目标值有:_blank,在未命名的新窗口中打开目标文档;_parent,在显示当前文档窗口的父窗口中打开目标文档;_self,在提交表单所使用的窗口中打开目标文档;_top,在当前窗口的窗体内打开目标文档,此值可用于确保目标文档占用整个窗口,即使原始文档显示在框架中。

4.5.3 添加表单对象

插入表单以后,就可以在表单中添加表单对象了。在"会员登录"中主要包括一个文本字段、一个密码字段、一个复选框和一个按钮。

(1) 为了能够整齐地排列表单中的对象,首先借助列表来排版表单各个对象。添加列表和文本后代码如下:

```
<ul>
<li>会员登录</li>
<li><span>账号:</span></li>
<li><span>密码:</span></li>
<li>记住密码   <span>找回登录密码</span></li>
<li></li>
</ul>
```

(2) 在相应的位置添加表单对象,可以选择"插入"|"表单"菜单命令,选择各个对象,也可以直接输入表单对象元素,完成后代码如下:

```
<ul>
<li>会员登录</li>
<li><p><span>账号:</span><input type="true"></p></li>
<li><p><span>密码:</span><input type="password"></p></li>
<li><input type="checkbox"/>记住密码   <span>忘记登录密码? </span></li>
<li><input type="submit"value="登录"/></li>
</ul>
```

最终在首页中的效果如图 4.39 所示。

【归纳总结】

表单是网页上用于输入信息的区域,可用<form>标签来定义一个表单,并在表单内放置表单控件,如 input,这类控件有很多类型,通过 type 属性进行设置。可以为表单提供单行文本框、单选按钮、复选框及按钮等。而 textarea 则能够实现多行文本的输入框。还可以通过 select 和 option 实现菜单功能。在网页中需要用到表单的地方很多,所以要熟练掌握表单的创建方法。

【项目训练】

（1）完成"我的酷站"中"在线申请"表单的制作，如图 4.43 所示。

（2）参照自己的项目效果图，完成"登录""注册"等表单的制作。

4.6 设置网站的超链接

【项目引入】

网页的最大优点及特征就是可以在多个网页文档中自由移动的"超链接"功能。完成完整的网站需要构成该网站的多个网站文档，并且需要连接这些网页文档，使它们之间能够互相跳转。这种连接就叫"超链接"。简单来说，超链接就是用来有机地连接各个网页文档的不可见的绳索。

图 4.43　在线申请

【项目展示】

最终设置完成图如图 4.44 所示。

图 4.44　完成网站超链接的设置

【项目实施】

4.6.1　熟悉文档位置和路径

Dreamweaver 提供多种创建超链接的方法,使用这些方法可以创建文本的超链接、电子邮件的超链接、图像映射的超链接、下载文件的超链接和锚记超链接等。

熟悉文档的位置和路径对于创建超链接至关重要。每个网页都有一个唯一的地址,称为统一资源定位器(URL)。它有两种路径:一种是绝对路径,另一种是相对路径。

1) 绝对路径

HTML 绝对路径(absolute path)指带域名的文件的完整路径。假设你注册了域名 www. blabla. cn,并申请了虚拟主机,你的虚拟主机提供商会给你一个目录,比如 www,这个 www 就是你网站的根目录。

假设你在 www 根目录下放了一个文件 index. html,这个文件的绝对路径就是:http://www. blabla. cn/index. html。

假设你在 www 根目录下建了一个目录叫 html_tutorials,然后在该目录下放了一个文件 index. html,这个文件的绝对路径就是 http://www. blabla. cn/html_tutorials/index. html。

提示:尽管对本地站点的超链接也可以使用绝对路径,但不建议采用这种方法,因为一旦将此站点移动到其他位置,所有本地绝对路径的超链接都将断开。

2) 相对路径

(1) 同一个目录的文件引用

如果源文件和引用文件在同一个目录里,直接写引用文件名即可。

我们现在建一个源文件 info. html,在 info. html 里要引用 index. html5 文件作为超链接。假设 info. html 的路径是:c:\Inetpub\wwwroot\sites\blabla\info. html,假设 index. html 的路径是:c:\Inetpub\wwwroot\sites\blabla\index. html,则 info. html 加入 index. html 超链接的代码应该这样写:<a href="index. html">index. html</a>。

(2) 如何表示上级目录

.. /表示源文件所在目录的上一级目录,.. /.. /表示源文件所在目录的上上级目录,依此类推。假设 info. html 的路径是:c:\Inetpub\wwwroot\sites\blabla\info. html,index. html 的路径是:c:\Inetpub\wwwroot\sites\index. html,则 info. html 加入 index. html 超链接的代码应该这样写:<a href=".. /index. html">index. html</a>。

假设 info. html 的路径是:c:\Inetpub\wwwroot\sites\blabla\info. html,index. html 的路径是:c:\Inetpub\wwwroot\index. html,则 info. html 加入 index. html 超链接的代码应该这样写:<a href=".. /.. /index. html">index. html</a>。假设 info. html 的路径是:c:\Inetpub\wwwroot\sites\blabla\info. html,index. html 的路径是:c:\Inetpub\wwwroot\sites\wowstory\index. html,则 info. html 加入 index. html 超链接的代码应该这样写:<a href=".. /wowstory/index. html">index. html</a>。

(3) 如何表示下级目录

引用下级目录的文件,直接写下级目录文件的路径即可。

假设 info. html 的路径是:c:\Inetpub\wwwroot\sites\blabla\info. html,index. html 的路径是:c:\Inetpub\wwwroot\sites\blabla\html\index. html,则 info. html 加入 index. html 超链接的代码应该这样写:＜a href ＝"html/index. html"＞index. html＜/a＞。假设 info. html 的路径是:c:\Inetpub\wwwroot\sites\blabla\info. html,index. html 的路径是:c:\Inetpub\wwwroot\sites\blabla\html\tutorials\index. html,则 info. html 加入 index. html 超链接的代码应该这样写:＜a href＝"html/tutorials/index. html"＞index. html＜/a＞。

4.6.2　设置文本和图像超链接

网页中经常会遇到的就是为文本和图像创建超链接。创建链接的方法也有多种,可以使用属性面板,也可以直接在代码视图中实现。

1) 超链接的创建

在属性面板中创建链接的方法主要有两种:一种是单击链接中的"文件夹"图标选择要链接的网页文档,而另一种是使用"指向文件"图标在文件面板中选择要链接网页的文档。为"我的酷站"网站 LOGO 和"申请"文本创建链接的步骤如下。

(1) 首先选中 LOGO 图像,在属性面板中找到链接属性,通过前面两种方法将 LOGO 链接到 index. html 页面,如图 4.45 所示。

图 4.45　LOGO 链接设置

(2) 选中"申请"文本,找到属性面板中的链接属性,可以以相同的方法创建到 apply_online. html 页面的链接,如图 4.46 所示。

图 4.46　"申请"文本链接设置

(3) 超链接是用标签＜a＞定义的,在＜a＞标签下,有属性 href,href 的属性值为一个 URL 地址,即链接的目标地址。因此可以直接在代码视图输入＜a＞标签来实现超链接。例如＜a href＝"apply_online. html"＞申请＜/a＞。

2) 目标属性的设置

超链接的目标属性用于显示被链接的网页文档或网站的位置。

由单一框架构成的网页文档,主要采用两种显示方式。一种是当前打开的网页文档消失,而显示链接的网页——_self(默认);另外一种是在新的窗口中显示链接的网页——_blank(如图 4.47 所示)。

目标属性的 4 种值的详细介绍如下。

图 4.47　链接的目标

（1）_blank：在保留当前网页文档的状态下，在新的窗口中显示被链接的网页文档。

（2）_parent：当前文档消失，显示被链接的网页文档。如果是多框架文档，则在父框架中显示被链接的网页文档。

（3）_self：当前文档消失，显示被链接的网页文档。如果是多框架文档，则在当前框架中显示被链接的网页文档。

（4）_top：与构造无关，当前文档消失，显示被链接的网页文档。

提示：网站中建议不要过多地使用"_blank"，以免打开窗口太多，造成浏览者使用上的不便。

4.6.3　设置图像映射链接

在"我的酷站"中"关注我们"部分，有 4 个关注放置在一幅图像上，这时需要在这幅图像上设置多个链接，可以使用图像映射来链接。所谓图像映射是指在一幅图中设定多个链接。通过设定图像映射，在单击图像中的某一部分时可以跳转到所链接的网页文档或网站。实现这一点只需要选中图片，使用属性面板中地图的热点工具（如图 4.48 所示），"地图"右侧的文本框中可填入为该映射命名的名字，若不填，则 Dreamweaver 自动加上一个名字"Map"。"地图"下面有 3 个图标，从左到右依次为矩形热点工具、圆形热点工具和多边形热点工具。

选中"关注我们"下面的图像，单击"矩形热点工具"图标，当鼠标变为十字形"+"后，在图片上绘制出需要设置链接的部分。当鼠标拖出的选框和目标不重合时，可使用键盘上的箭头来调节。最后，在链接中输入要跳转到的网页文档或网站地址即可，如图 4.49 所示。

图 4.48　地图的矩形热点工具

图 4.49　热点的链接属性

4.6.4　设置锚记链接

如果我们的主页内容比较长，当浏览内容网页文档到底部时，要再查看前面部分的内容，则需要向上拖动滚动条。这时使用 Dreamweaver 的锚记功能，则可以一下子移动到页面顶端。

命名锚记使用户可以在文档中设置标记（类似于书签），这些标记通常放在文档的特定主题处或页面顶端。然后再创建到这些命名锚记的链接，这些链接可以快速将访问者带到指定位置。创建到命名锚记链接分为两步：首先创建命名锚记，然后创建到该命名锚记的链接。

1) 创建命名锚记

(1) 在"文档"窗口中,将插入点放在需要命名锚记的地方,这里就放置在 LOGO 之前。

(2) 在"插入"工具栏的"常用"类别中,单击"命名锚记"按钮。

(3) 在"命名锚记"对话框中输入锚记名称"top"。

(4) 单击"确定"按钮,锚记标记在插入点处出现,如图 4.50 所示。

我的酷站

🖋申请|♡收藏

图 4.50 插入命名锚记

提示:如果看不到锚记标记,可选择"查看"|"可视化助理"|"不可见元素"菜单命令。

2) 链接到命名锚记

锚记链接与一般链接相同,可以在链接中设定,输入"♯锚记名称",如在文档顶部插入锚记并取名为 top 后,在文档底部的链接中输入"♯top",这样在单击此链接时,会移动到文档的顶部。

此外,如要链接到同一文件夹内其他文档中的名为 top 的锚记,则需要在"♯"前加上网页的名称,如"cxts. html♯top"。

提示:锚记名称区分大小写。

4.6.5 设置特殊链接

1) 下载文件的超链接

如果超链接指向的不是一个网页文件,而是其他文件,如. doc、. rar 文件等,则单击链接时就会下载文件,如图 4.51 所示。

图 4.51 链接指向. docx 文件

2) 网站外部链接

超链接可以直接指向地址而不是一个网页文档,单击链接可以直接跳转到相应的网站。

例如，在"他们正在使用"这部分中，需要链接到外部网站，这时候只要在链接里输入网站对应的地址就可以跳转到相应的网站，如选中 IT168 的 LOGO 图像，在链接中输入 http://www.it168.com/，那么单击此链接就可以跳转到"电商时代 IT 导购第一站"网站。

3）空的超链接

有时还需要创建空链接，在链接里输入一个"＃"或输入"javascript：；"（javascript 后依次输入一个冒号和一个分号）。例如首页中暂时没有链接地址的文本或图像，可以先设置成空链接，如"收藏"文本，就是设置了"javascript：；"空链接。

4）脚本的超链接

例如，在链接里输入"javascript：alert"（此链接是一个弹出窗口！）可生成一个弹出消息的警告框，如图4.52 所示。

5）邮件链接的设置

在网页制作中，还经常看到这样的一些超链接：单击后会弹出邮件发送程序，联系人的地址也已经填写好了。其制作方法如下：选择文本或图像后，在链接中输入"mailto：邮件地址"即可。对应的 HTML 代码为 ＜a href＝"mailto：xxgcx@siit. cn"＞sxxgcx@ siit. cn

图 4.52　警告框

＜/a＞。如为"联系我们"设置邮箱链接的话，先选中"联系我们"，然后在属性面板的链接中输入"mailto：kf@jssdw. com"即可。

【归纳总结】

超级链接在本质上属于一个网页的一部分，它是一种允许我们同其他网页或站点之间进行连接的元素。各个网页链接在一起后，才能真正构成一个网站。所谓的超链接是指从一个网页指向一个目标的连接关系，这个目标可以是另一个网页，也可以是相同网页上的不同位置，还可以是一幅图片、一个电子邮件地址、一个文件，甚至是一个应用程序。而在一个网页中用来超链接的对象，可以是一段文本或者是一个图片。当浏览者单击已经链接的文字或图片后，链接目标将显示在浏览器上，并且根据目标的类型来打开或运行。

本项目任务主要介绍了几种常用的超链接的设置方法。归纳起来主要有 4 种链接方式：站点内部链接（在同一站点文档之间的链接）、站点外部链接（不同站点文档之间的链接）、锚记链接（同一网页或不同网页指定位置的链接）和电子邮件链接。

【项目训练】

完成"我的酷站"网站的超链接设置，图片的超链接、文字的超链接、电子邮件的超链接、空链接、图像映射链接等。结合实践网站的实际需要，设置实践网站的超链接，完成后进行链接测试。

 4.7　小　结

项目 4 主要介绍了如何用 Dreamweaver 软件制作网页，包括创建网站的本地站点，设置

页面文本和图像,创建列表,插入首页表格和表单,设置超链接,最终完成整个网站的内容制作。

创建网站站点时,要重视开始的规划。有了一个清晰的规划,可以为以后的网站制作奠定好基础。站点的命名也是一个重点,切忌使用中文或无意义的序列号。

除了掌握在 Dreamweaver 设计视图中插入网页的各种对象元素外,也要熟悉在代码视图中通过插入 HTML 代码来实现,熟练掌握基本结构和各种常用对象的标签。

完成本部分内容的学习后,主题实践网站的内容部分也可以全部完成了,接下来就要用CSS 样式表来美化网页中的对象,并且进行网页的布局,使页面整齐美观地呈现给用户。

 # 4.8 技能训练

4.8.1 建立站点

【操作要求】

(1) 建立并设置本地根文件夹。在文件夹(d:\test)中新建本地根文件夹,命名为 root。

(2) 定义站点。设置站点的本地信息:站点的名称为"我的第一个网站";本地根文件夹指定为 root 文件夹。将网页素材文件夹 4.8 中的素材复制到该文件中,重命名为 X4-8。

4.8.2 编写代码结构

【操作要求】

(1) 根据给定的一盒糖果的相关信息,为其制作一个网页。

首先,大致浏览一遍产品的信息,将信息进行有层次的整理;然后,用 HTML 的基本模块(<h1><h2><h3><p>之类)把它翻译绘制成成型的 HTML。

(2) 给网页添加新元素。

① 将"商品名称""生产地址"等字段名设置成加粗。

② 将"本商品不宜高温储存"文字设置为强调的格式。

③ 在"商品介绍"与"本商品不宜高温储存"之间加入一条分隔线,最终效果如图 4.53 所示。

商品编号：1234567

商品价格:16.5元

本商品不宜高温储存

商品名称:糖果

生产地址：中国

图 4.53

项目 5 使用 CSS 样式美化首页

在项目 4 中已经使用 Dreamweaver 完成了首页及相关子页的内容设置,包括文本、图像、列表、链接、表格及表单等的设置。但是这些内容并没有呈现出设计图中的效果,在项目 5 中将以首页为例在页面中引用 CSS 样式表来设置网页元素的格式,并对页面进行精确地定位布局,使页面完整、美观地呈现给用户。

 ## 5.1 引用 CSS 样式表

【项目引入】

如果要统一网站中网页元素的格式,就需要使用 CSS 样式表。

样式表也叫 CSS(Cascading Style Sheet,层叠样式表)。现代网页制作离不开 CSS 技术,采用 CSS 技术,可以有效地对页面的布局、字体、颜色、背景和其他效果实现更加精确的控制,可以实现调整字间距、调整行间距、取消链接的下划线、固定背景图像等 HTML 标记无法表现的效果。

CSS 样式表的优点是,在对很多网页文件设置同一种属性时,无须对所有文件反复进行操作,只要应用样式表就可以便利、快捷地进行操作。

此外,CSS 还非常容易更新,只要对一处规则进行更新,则使用该定义样式的所有文档的格式都会自动更新为新样式。

【项目展示】

引用 CSS 样式前后的首页"网站建设要遵循的原则"效果如图 5.1 所示。

(a) 引用 CSS 前   (b) 引用 CSS 后

图 5.1 使用样式前后的首页"网站建设要遵循的原则"效果

【项目实施】

5.1.1 初识 CSS

为了使用 CSS 样式对页面进行排版和布局,首先要来认识 CSS,掌握它的用法。CSS 是一系列格式设置规则,可用来控制页面内容的外观。使用 CSS 设置页面格式时,内容与表现形式是相互分开的。

页面内容(HTML 代码)位于 HTNIL 文件中,而定义代码表现形式的 CSS 规则位于另一个文件(外部样式表)或 HTML 文档的代码区域中。

CSS 格式设置规则由两部分组成:选择器和声明。选择器是标志已设置格式元素(如 P、img、类名称或 ID)的术语,而声明则用于定义样式元素。在下面的例子中,a 是选择器,大括号内的所有内容都是声明。

a{font—family:"宋体";font—size:12px;font—weight:bold;}

声明由属性(如 font—family)和值(如宋体)两部分组成。上面例子中为<a>标签创建了新样式,网页中所有<a>标签的文本,文字都将是 12 像素大小、宋体和粗体。

5.1.2 熟悉样式表种类和选择器

根据运用样式表的范围是局限在当前网页文件内部还是其他网页文件,可以分为内联样式、内部样式表和外部样式表;根据运用样式表的对象可分为类、ID、标签和复合内容 4 种。

1) 根据运用样式表的范围分类

(1) 内联样式。内联样式是写在标签中的,它只针对自己所在的标签起作用。例如:

<P style="font—size:12px;color:red;">这个 style 定义段落中的字体是 12 像素的红色字</p>。

(2) 内部样式表。内部样式表是写在<head></head>中的,它只针对所在的 HTML 页面有效。例如:

```
<html>
<head>
<title>我的酷站</title>
<style type="text/css">
<! ——
P{ font—family:"宋体"; font—size:14px;color:red;}
——>
</style>
</head>
<body>
<p>段落文字宋体 14 像素红色。</p>
</body>
</html>
```

在上面方框中的就是内部样式表的格式：

<style type="text/css">

<! -->

……

-->

</style>

（3）外部样式表。一般情况下，网站中的多个网页会使用相同的 CSS 规则来设置页面元素的格式，如果使用内联或内部样式表将 CSS 代码放在 HTML 中就不是一个好办法。这时，可以把所有的样式存放在一个以.css 为扩展名的文件里，然后将这个 CSS 文件链接到各个网页中。

外部样式表是目前网页制作最常用、最易用的方式，它的优点主要如下：

① CSS 样式规则可以重复使用。

② 多个网页可共用同一个 CSS 文件。

③ 修改、维护简单，只需要修改一个 CSS 文件就可以更改所有地方的样式，不需要修改页面 HTML 代码。

④ 减少页面代码，提高网页加载速度，CSS 驻留在缓存里，在打开同一个网站时由于已经提前加载，因此不需要再次加载。

⑤ 适合所有浏览器，兼容性好。

2）根据运用样式表的对象分类

运用样式表的对象也就是选择器类型，在 Dreamweaver 中有 4 种，如图 5.2 所示。

图 5.2　选择器类型

（1）类（可应用于任何 HTML 元素）。类，可以理解为用户自定义的样式。可以在文档窗口的任何区域或文本中应用类样式,如果将类样式应用于一整段文字,那么会在相应的标签中出现 class 属性,该属性值即为类样式的名称。例如,<span class="capital">Dream-weaverCS5 从入门到精通</span>。类名为 capital。

(2)ID(仅应用于一个 HTML 元素)。ID 与类的区别在于,类的样式可以应用于任何网页元素,但是 ID 的样式只能运用在指定的 ID 号元素中。

若要定义包含特定 ID 属性的标签的格式,则先从"选择器类型"弹出菜单中选择"ID"选项,然后在"选择器名称"文本框中输入唯一的 ID 号(例如,♯bot)。

提示:ID 必须以♯开头,并且可以包含任何字母和数字组合(例如,♯myID1)。如果没有输入开头的♯,Dreamweaver 将自动输入。

(3)标签(重新定义 HTML 元素)。重新定义 HTML 元素的默认格式。可以针对某一个标签来定义样式表,也就是说定义的样式表将只应用于选择的标签。例如,为<a>重新定义了样式表,那么所有<a>标签将自动遵循重新定义的样式表。

(4)复合内容(基于选择的内容)。若要定义同时影响两个或多个标签、类或 ID 的复合规则,就需要选择"复合内容"选择器并输入用于复合规则的选择器名称。例如,输入"♯bot:hover",则鼠标经过♯bot 元素的格式都将受此规则影响。

在复合内容中还有标签<a>的 4 种状态(如图 5.3 所示),每种状态具体介绍如下:

图 5.3 <a>的四种状态

① a:link,设定正常状态下链接文字的样式。

② a:visited,设定访问过的链接的外观。

③ a:hover,设定鼠标放置在链接文字之上时文字的外观。

④ a:active,设定鼠标单击时链接的外观。

5.1.3 在页面中引入样式表

前面已经介绍了样式表的类型,在"我的酷站"中,使用外部样式表,在给页面元素编写样式前,先在首页中引入样式表文件。

1) 在 CSS 面板中引入样式表

如果是在 CSS 面板中引入样式表,则在建立新 CSS 规则的同时可以完成样式表文件的创建,可按照如下步骤操作。

(1) 在 Dreamweaver 程序窗口中打开"CSS 样式"面板,如图 5.4 所示。

(2) 单击"CSS 样式"面板右下角的"新建 CSS 规则"按钮,打开"新建 CSS 规则"对话框,如图 5.2 所示。

在"选择器类型"选项中,可以选择 4 种类型:类、ID、标签和复合内容。

(3) 为新建 CSS 样式选择或输入选择器名称。

① 对于类(自定义样式),其名称必须以点(.)开始,如果没有输入该点,则 Dreamweaver 会

图 5.4　"CSS 样式"面板

自动添上。自定义样式名可以是字母与数字的组合,但之后必须是字母。

② 对于标签(重新定义 HTML 标记),可以在"标签"下拉列表中输入或选择重新定义的标记。

③ 对于复合内容(CSS 选择器样式),可以在"选择器"下拉列表中输入或选择需要的选择器。

(4) 在"规则定义"区域选择定义规则的位置,可以是"仅限该文档"或"新建样式表文件"。单击"确定"按钮,如果选择了"新建样式表文件"选项,会弹出"将样式表文件另存为"对话框(如图 5.5 所示),给样式表命名为 efp.css 并保存。

图 5.5　"将样式表文件另存为"对话框

提示:建议使用"新建样式表文件",便于文件的管理和重复使用,有利于内容与表现的分离。

(5)在"CSS规则定义"对话框中设置CSS规则。主要分为类型、背景、区块、方框、边框、列表、定位、扩展和过渡9类(如图5.6所示)。每个类别都可以进行不同类型规则的定义,定义完成后,单击"确定"按钮,完成创建CSS样式。

图5.6 "CSS规则定义"对话框

2)在代码视图中引入样式表

首先可以编辑样式,保存时将文档的扩展名设置为.css,然后在代码视图中,通过链接的方式将编辑好的样式表附加到HTML文档中,只要在head部分中插入link元素即可实现。代码如下:

<link href="styles/efp.css"rel="tylesheet"type="text/css">

其中,type指定所链接文档的MIME类型,CSS的MINE是text/css;rel用于定义链接的文件和HTML文档之间的关系;href是指外部样式表文件的位置。

5.1.4 熟悉样式代码编写规则

1)基本语法

CSS的定义由3个部分构成:选择符(selector)、属性(property)和属性的取值(value)。基本格式如下:

selector{property:value}(选择符{属性:值})

选择符可以是多种形式,一般是要定义样式的HTML标记,例如body、P、table……可以通过此方法定义它的属性和值,属性和值要用冒号隔开,如body的{color:black},选择符body是指页面主体部分,color是控制文字颜色的属性,black是颜色的值,此例的效果是使页面中的文字为黑色。

如果属性的值是由多个单词组成的,则必须在值上加引号,比如字体的名称经常是几个单词的组合:P{font－family:"sans－serif"}(定义段落字体集为 sans－serif)。

如果需要对一个选择符指定多个属性时,就使用分号将所有的属性和值分开:P{text－align:center;color:red}(段落居中排列;并且段落中的文字为红色)。

为了使定义的样式表方便阅读,可以采用分行的书写格式:

P{

text－align: center;

color: black;

font－family:arial

}

上例的效果为段落排列居中,段落中文字为黑色,字体是 arial。

2) 选择符

可以把相同属性和值的选择符组合起来书写,用逗号将选择符分开,这样可以减少样式重复定义。例如,h1,h2,h3,h4,h5,h6{color:green}(这个组里包括所有的标题元素,每个标题元素的文字都为绿色);p,table{font－size:9pt}(段落和表格里的文字尺寸为 9 号字)效果完全等效于 p{font－size:9pt},table{font－size:9pt}。

3) 类选择符

用类选择符能够把相同的元素分类定义不同的样式,定义类选择符时,在自定义类的名称前面加一个点号。假如想要两个不同的段落,一个段落向右对齐,一个段落居中,可以先定义两个类:p. right{text－align:right}和 p. center{text－align:cente},然后用在不同的段落里,只要在 HTML 标记里加入定义的 class 参数即可,如<p class="right">表示这个段落是向右对齐的,<p class="center">表示这个段落是居中排列的。

提示:类的名称可以是任意英文单词或以英文开头的英文与数字的组合,一般以其功能和效果简要命名。

类选择符还有一种用法,在选择符中省略标记名,这样可以把几个不同的元素定义成相同的样式:. center{text－align:center}(定义. center 的类选择符为文字居中排列)。这样的类可以被应用到任何元素上。下面把 h1 元素(标题 1)和 p 元素(段落)都归为"center"类,这使两个元素的样式都跟随". center"这个类选择符:<h1 class="center">这个标题是居中排列的</h1>,<p class="center">这个段落也是居中排列的</p>。

提示:这种省略 HTML 标记的类选择符是我们今后最常用的 CSS 方法,使用这种方法,可以很方便地在任意元素上套用预先定义好的类样式。

4) ID 选择符

在 HTML 页面中 ID 参数指定了某个单一元素,ID 选择符用来对这个单一元素定义单独的样式。ID 选择符的应用和类选择符类似,只要把 class 换成 id 即可。将上例中的类用 id 替代:<pid="intro">这个段落向右对齐</p>,定义 ID 选择符要在 ID 名称前加上一个"#"号。和类选择符相同,定义 ID 选择符的属性也有两种方法。下面这个例子,ID 属性将匹配所有 id="intro"的元素:

```
#intro {
font - size:110%;
font-weight:bold;
color: #0000ff;
background-color: transparent
}
```

此例效果为字体尺寸为默认尺寸的110%。粗体、蓝色;背景颜色透明。

下面这个例子,ID属性只匹配id="intro"的段落元素:

```
p#intro {
font-size:110%;
font-weight:bold;
color:#0000ff;
background0color:transparent
}
```

提示:ID选择符局限性很大,只能单独定义某个元素的样式,一般只在特殊情况下使用。

5) 包含选择符

可以单独对某种元素包含关系定义的样式表,元素1里包含元素2,这种方式只对在元素1里的元素2定义,对单独的元素1或元素2无定义,例如,table a{font-size:12px}在表格内的链接改变了样式,文字大小为12像素,而表格外的链接的文字仍为默认大小。

6) 样式表的层叠性

层叠性就是继承性,样式表的继承规则是外部的元素样式会保留下来继承给这个元素所包含的其他元素。事实上,所有在元素中嵌套的元素都会继承外层元素指定的属性值,有时会把很多层嵌套的样式叠加在一起,除非另外更改。例如在DIV标记中嵌套p标记:

```
div {color:red;font-size:9pt}
……
<div>
<p>
这个段落的文字为红色9号字
</p>
</div>
```

此例表示P元素里的内容会继承DIV定义的属性。

当样式表继承遇到冲突时,总是以最后定义的样式为准。如果上例中定义了P的颜色:

```
div{color:red;font-size:9pt}
p {color:blue}
……
<div>
<p>
```

这个段落的文字为蓝色 9 号字

</p>

</div>

我们可以看到段落里的文字大小为 9 号字,是继承 DIV 属性的,而 color 属性则依照最后定义的。

不同的选择符定义相同的元素时,要考虑到不同的选择符之间的优先级。ID 选择符,类选择符和 HTML 标记选择符,因为 ID 选择符是最后加在元素上的,所以优先级最高,其次是类选择符。如果想超越这三者之间的关系,可以用! important 提升样式表的优先权,例如,P{color: #FF0000! important}, . blue{color: #0000FF}, #idl{color: #FFFF00},同时对页面中的 1 个段落加上这 3 种样式,它最后会依照被! important 申明的 HTML 标记,选择符样式为红色文字。如果去掉! important,则依照优先权最高的 ID 选择符为黄色文字。

7) 锚的伪类

最常用的是 4 种 a(锚)元素的伪类,它表示动态链接在 4 种不同的状态:Link、visited、active、hover(未访问的链接、已访问的链接、激活链接和鼠标停留在链接上)。把它们分别定义不同的效果:

a:link{color: #ff0000;text—decoration:none}/ * 来访问的链接 * /

a:visited{color: #00ff00;text—decoration:none}/ * 已访问的链接 * /

a:hover{color: #ff00ff;text—decoration:underline}/ * 鼠标在链接上 * /

a:active{color: #0000ff;text—decoration:underline}/ * 激活链接 * /

上面这个例子中,这个链接未访问时的颜色是红色并无下划线,已访问后是绿色并无下划线,鼠标在链接上时为紫色并有下划线,激活链接时为蓝色并有下划线。

提示:有时这个链接访问前鼠标指向链接时有效果,而链接访问后鼠标再次指向链接时却无效果了。这是因为把 a:hover 放在了 a:visited 的前面,这样的话由于后面的优先级高,当访问链接后就忽略了 a:hover 的效果。所以根据叠层顺序,在定义这些链接样式时,一定要按照 a:lmk,a:visited,a:hover,a:actived 的顺序书写。

8) 注释

可以在 CSS 中插入注释来说明代码的意思,注释有利于别人以后编辑和更改代码时理解代码的含义。在浏览器中,注释是不显示的。CSS 注释以" / * "开头,以" * /"结尾,例如:

/ * 定义段落样式表 * /

P {

text—align:center;/ * 文本居中排列 * /

color:black;/ * 文字为黑色 * /

font—family:arial / * 字体为 arail * /

}

【归纳总结】

使用 CSS 将内容与表示形式分离,使得从一个位置集中维护站点的外观变得更加容易,因为进行更改时无须对每个页面上的每个属性都进行更新。将内容与表示形式分离还可以得到更加简练的 HTML 代码,这样将缩短浏览器加载时间。

本项目任务中需要掌握 CSS 的基本语法、代码编写规则、CSS 的选择器类型、CSS 的样式表类型,学会创建 CSS 样式的方法。除了学会使用 Dreamweaver 可视化工具引入 CSS 外部样式表外,还需要掌握链接样式表的代码。此外,如想更好地掌握 CSS,还需要学习其他一些与 CSS 样式表密切相关的知识,如语言、DHTML 语言等。

【项目训练】

根据策划书中定好的网页效果要求,拟订 CSS 样式草案。进一步熟悉创建 CSS 样式的方法,并通过链接外部样式表的方式将样式表链接到需要设置样式的网页中。为在样式表中编写样式做好准备。

 5.2 设置页面元素的样式

【项目引入】

在本项目任务中主要在代码视图中对页面中的文本、背景、链接、列表、表格及表单等进行样式设置,从而掌握 CSS 样式代码的编写规则。在 CSS 面板中的操作方法比较简单,这里不再做详细介绍。

【项目展示】

首页中各部分元素设置样式后的部分效果如图 5.7~图 5.11 所示。

图 5.7 设置字体颜色及背景图像效果图

图 5.8 设置链接样式

信息动态

帮助信息

1. 山东水利职业学院山东水利职业学院…
2. 山东水利职业学院山东水利职业学院…
3. 山东水利职业学院山东水利职业学院…

· 山东水利职业学院山东水利职业学院…
· 山东水利职业学院山东水利职业学院…
· 山东水利职业学院山东水利职业学院…

图 5.9 设置列表样式

图 5.10　设置数据表格样式

图 5.11　设置表单样式

【项目实施】

5.2.1　设置字体颜色样式

CSS 有许多样式化文本的属性,而我们平时主要用 CSS 控制文本的字体、格式、颜色和文本修饰等。以首页中的"营销更加智能化'三网合一'""网站建设要遵循的原则"及"营销模式多元化"为例来学习设置字体颜色样式。

1) 设置字体

关于字体的问题虽然小,但是却是前端开发中的基本,因为目前的网页,还是以文字信息为主,而字体,作为文字表现形式的重要参数之一,自然有着相当重要的地位。

(1) 通常内容应用的字体,font-family:宋体,微软雅黑,Arial,Verdana,serif。

(2) 通常标题应用的字体,font-family:宋体,微软雅黑,Arial;只是字号的大小不一样。为什么用了这么多字体? 先来看看浏览器如何呈现这些字体吧! 如图 5.12 所示。

查找有没有 lucida Grande 字体,
有则选, 无则向下　　　　　　　　　依次向下

```
body {
    font-family:"Lucida Grande", "Lucida Sans Unicode", "Lucida Sans", "DejaVu Sans",
Verdana, sans-serif
}
```

最后, 如果这些字体都没有, 就使用
浏览器默认的某个"sans—serif"字体

图 5.12　浏览器如何呈现字体

用 font-family 属性可以创建自己喜欢的字体列表。但愿大多数浏览器都有我们首选的

那种字体,如果没有,浏览器至少可以保证能从同一系列中提供一种普通的字体。

下面首先来看看"营销更加智能化'三网合一'""网站建设要遵循的原则"及"营销模式多元化"这三块的 HTML 结构,如图 5.13 所示。发现它们是相同的结构,所以就以"网站建设要遵循的原则"为例,来设置各个元素的字体。

```
<h2>网站建设要遵循的原则</h2>
    <h3>网站建设展示出网站自己的风格</h3>
    <p>每一个用户对页面的外观是否美观的标准都是不一样的。有些用户比较偏向于页面的精美设计,有些用户比较喜欢功能强大的页面,而有些用户则喜欢有个性的页面。</p>
    <h3>网站的交互功能</h3>
    <p>建设一个网站,一定要考虑一个问题,怎样好好利用仅有的资源做好网站的配色,网站的构架等等因素,对这些问题有一个大概的方向,再开始建设网站就比较快。</p>
    <h3>网站内容的优化安排</h3>
    <p>每个网站长都知道,网站的内容是网站的核心。但要注意,网站的内容千万不要出现过多的图片,图片元素会影响网站的加载速度。</p>
更多特性 &gt;&gt;
```

图 5.13　"网站建设要遵循的原则"HTML 结构

根据设计图,"网站建设要遵循的原则"这部分的字体都应该是"微软雅黑",因此将所有元素的字体设置为"微软雅黑",CSS 样式如下:

h2,h3,p,a{font-family:"微软雅黑";}

2)设置字号

用 font-size 来设置字号,字号有很多单位,可以根据实际情况,来选择字体单位。

(1) px

px 可以用像素定义字体大小,就像用于图像的像素值一样,用像素定义字体大小,就是告诉浏览器字母的高是多少像素。

font-size:14px;

提示:a. 像素数字后必须紧跟 px,中间不能有空格;

b. 设置字体为 14 px 意味着从字母的顶端到底部有 14 个像素。

(2) %

%与像素精确地规定字体大小不同,百分数用与别的字体大小的相对值来定义字体大小。

font-size:150%;

其中,字体大小应该是另一个字体大小的 150%。然而,另一个字体大小指哪个父元素呢? 因为 font-size 是一个从父元素继承来的属性,定义字体大小为 a%,是相对于父元素的。

body{font-size:14px}

hl{font-size:150%}

其中,用像素定义了 body 字体的大小为 14 px,用百分数 150%定义一号标题字,即 14×150%:21 px。

(3) em

em 跟百分数一样,是另一种相对测量单位。不过用 em 不是指定百分数,而是指定比例因数。

font-size:1.2em

body{font-size:14px}

h1{font-size:150%}

h2{font-size:1.2em}

其中,字体大小应该按比例放大 1.2 倍,<h2>标题会是父元素字体大小的 1.2 倍,大约为 17 px。

（4）keywords

keywords 可以把字体大小定义为：xx－small，x－small，small，medium，large，xx－large。浏览器将这些关键字转换成默认的像素值。

body{font－size:small;}

提示：在大多数浏览器中，这部分会将 body 文本显示为 12 px。

现在大多数中文网站的标准为：中文网页一般文字正文都采用宋体 12 号(12 px)字，因为这个字体是系统对于浏览器特别优化过的字体。虽然 12～20 px 的宋体字都还能看，但是宋体 12 px 是最漂亮的，也是最普遍应用的。黑体一般是 14 号，因为一般很少用黑体做正文，主要都是标题或者是关键字。黑体 14 px 也是优化过的字体。英文网页一般用 11 px 字号，verdana 是最经典、最好用的字体！

按照效果图，"网站建设要遵循的原则"中的 h2、h3、p、a 应该设置成不同大小的字体。分别为 18 px、16 px、12 px、12 px，CSS 样式如下：

h2{font－siza:18px;}
h3{font－siza:16px;}
p,a{font－siza:12px;}

3) 设置颜色

通过字体、字号的设置，网页越来越漂亮了，如果给这些字体添加点颜色会怎么样呢？网页颜色是根据红色、绿色和蓝色三原色以一定比例组成来指定的。可以把每种颜色指定为 0～100％中的一个数，然后混合起来组成一种颜色。例如，如果把红色 100％、绿色 100％和蓝色 100％混合起来，就得到白色；如果每种颜色成分只有 60％，得到灰色；红色 80％、绿色 40％得到橘红色；每种颜色都是 0％，得到黑色。

指定颜色的方法主要有用名字定义颜色，用红、绿、蓝值定义颜色，以及用十六进制代码定义颜色。

（1）用名字定义颜色。

这是 CSS 描述颜色最直接的方法，不过只能定义 17 种颜色，如图 5.14(a)(b)所示。

body{
background－color:silver;
}

在 HTML4.01 版本中，确定了 16 种颜色，其英语名称如图 5.14(a)所示。在 CSS2.1 版本中，增加了 1 种颜色英文名称。

颜色	实名	16进制	颜色	实名	16进制	颜色	实名	16进制	颜色	实名	16进制
黑色	Black	#000000	银灰	Silver	#c0c0c0	栗色	Maroon	#800000	红色	Red	#ff0000
深蓝	Navy	#000080	蓝色	Blue	#0000ff	紫色	Purple	#800080	品红	Fuchsia	#ff00ff
绿色	Green	#008000	浅绿	Lime	#00ff00	橄榄	Olive	#808000	黄色	Yellow	#ffff00
墨绿	Teal	#008080	青色	Aqua	#00ffff	灰色	Gray	#808080	白色	White	#ffffff

颜色	实名	16进制
橙色	Orange	#ffa500

(a)　　　　　　　　　　　　　　　　(b)

图 5.14　颜色的英语名称

（2）用红、绿、蓝值定义颜色。

```
body{
background－color:rgb(80%,40%,0%);
}
body{
background－color:rgb(204,102,0);
}
```

（3）用十六进制代码定义颜色。

```
body{
background－color:#cc6600;
}
```

十六进制的色彩值，如果每两位的值相同，则可以缩写一半，例如：#000000 可以缩写为#000；#336699 可以缩写为#369。

在"网站建设要遵循的原则"中，将标题"网站建设要遵循的原则"设置为桃红色"#d7439d"，每个特点设置为灰色"#333333"，每个详细说明设置为浅灰色"#acacac"，CSS 样式如下：

```
h2{fon－size:18px;color:#d7439d;}
h3{fon－size:16px;color:#333333;}
p,a{fon－size:12px;color:#acacac;}
```

4）其他属性的设置

还有很多控制字体和文本格式的属性，如表 5.1 和表 5.2 所示。

表 5.1　CSS 文本属性(text)

属　　性	描　　述
color	设置文本的颜色
direction	规定文本的方向/书写方向
letter-spacing	设置字符间距
line-height	设置行高
text-align	规定文本的水平对齐方式
text-decoration	规定添加到文本的装饰效果
text-indent	规定文本块首行的缩进
text-shadow	规定添加到文本的阴影效果
text-transform	控制文本的大小写
unicode-bidi	设置文本方向
white-space	规定如何处理元素中的空白
word-spacing	设置单词间距

表 5.2 CSS 字体属性(font)

属　　　性	描　　　述
font	在一个声明中设置所有字体属性
font-family	规定文本的字体系列
font-size	规定文本的字体尺寸
font-size-adjust	为元素规定 aspect 值
font-stretch	收缩或拉伸当前的字体系列
font-style	规定文本的字体样式
font-variant	规定是否以小型大写字母的字体显示文本
font-weight	规定字体的粗细

在"网站建设要遵循的原则"中,还需要将标题元素 h2 和 h3 默认的加粗属性去除,设置完毕后,效果如图 5.15 所示。其他属性可以等定位后再做调整。

图 5.15 设置字体颜色属性后"网站建设要遵循的原则"的效果

5.2.2 设置背景效果

在"网站建设要遵循的原则"效果图中,标题"网站建设要遵循的原则"后面有一个背景图像,可以通过设置 CSS 背景样式来实现这个效果。

CSS 允许应用纯色作为背景,也允许使用背景图像创建相当复杂的效果。CSS 在这方面的能力远远在 HTML 之上。

1) 设置背景色

可以使用 background-color 属性为元素设置背景色。这个属性接受任何合法的颜色值。下面这条规则把元素的背景设置为灰色:

p{background-color:gray;}

可以为所有元素设置背景色,这包括 body 一直到 em 和 a 等行内元素。

background－color 不能继承，其默认值是 transparent。transparent 有"透明"之意。也就是说，如果一个元素没有指定背景色，那么背景就是透明的，这样其祖先元素的背景才能可见。

2) 设置背景图像

(1) 背景图像。要把图像放入背景，需要使用 background－image 属性。background－image 属性的默认值是 none，表示背景上没有放置任何图像。

如果需要设置一个背景图像，则必须为这个属性设置一个 URL 值：

body{background－image:url(/i/eg_04.gif);}

大多数背景都应用到 body 元素，不过并不仅限于此。下面例子为一个段落应用了一个背景，而不会对文档的其他部分应用背景：

p.flower{background－image:url(/i/eg_03.gif);}

甚至可以为行内元素设置背景图像，下面的例子为一个链接设置了背景图像：

r.radio{background－image:url(/i/eg_07.gif);}

理论上讲，甚至可以向 textareas 和 select 等替换元素的背景应用图像，不过并不是所有用户代理都能很好地处理这种情况。另外还要补充一点，background-image 也不能继承。事实上，所有背景属性都不能继承。

(2) 背景重复。如果需要在页面上对背景图像进行平铺，可以使用 background-repeat 属性。属性值 repeat 导致图像在水平垂直方向上都平铺，就像以往背景图像的通常做法一样。repeat-x 和 repeat-y 分别导致图像只在水平或垂直方向上重复，no-repeat 则不允许图像在任何方向上平铺。默认地，背景图像将从一个元素的左上角开始平铺。

(3) 背景定位。可以利用 background-position 属性改变图像在背景中的位置。下面的例子在 body 元素中将一个背景图像居中放置：

body{
background－image:url('/i/eg_03.gif);
background－repeat:no－repeat;
background－position:center;
}

为 background-position 属性提供值有很多方法。首先，可以使用一些关键字：top、bottom、left、right 和 center。通常，这些关键字会成对出现，不过也不总是这样。还可以使用长度值，如"100 px"或"5 cm"，最后也可以使用百分数值。不同类型的值对于背景图像的放置稍有差异。

① 关键字。图像放置关键字最容易理解，其作用如其名称所表明的。例如，top right 使图像放置在元素内边距区的右上角。根据规范，位置关键字可以按任何顺序出现，只要保证不超过两个关键字——一个对应水平方向，另一个对应垂直方向。如果只出现一个关键字，则认为另一个关键字是 center。所以，如果希望每个段落的中部上方出现一个图像，只需声明如下：

```
p{
background—image:url('bgimg.gif');
background—repeat:no—repeat;
background—position:top;
}
```

②百分数值。百分数值的表现方式更为复杂。假设希望用百分数值将图像在其元素中居中,这很容易:

```
body{
background—image:url('/i/eg_03.gif');
background—repeat:no—repeat;
background—position:50% 50%;
}
```

这会导致图像适当放置,其中心与其元素的中心对齐。换句话说,百分数值同时应用于元素和图像。也就是说,图像中描述为 50%50% 的点(中心点)与元素中描述为 50%50% 的点(中心点)对齐。

如果图像位于 0%0%,其左上角将放在元素内边距区的左上角。如果图像位置是 100%100%,会使图像的右下角放在右边距的右下角。

因此,如果想把一个图像放在水平方向 2/3、垂直方向 1/3 处,则可以这样声明:

```
body{
background—image:url('/i/eg_03.gif');
background—repeat:no—repeat;
background—position:50% 50%;
background—position:66% 33%;
}
```

如果只提供一个百分数值,所提供的这个值将用作水平值,垂直值将假设为 50%。这一点与关键字类似。

background-position 的默认值是 0%0%,在功能上相当于 top left,这就解释了背景图像为什么总是从元素内边距区的左上角开始平铺,除非设置了不同的位置值。

③长度值。长度值解释的是元素内边距区左上角的偏移。偏移点是图像的左上角。比如,如果设置值为 50 px 100 px,图像的左上角将在元素内边距区左上角向右 50 像素、向下 100 像素的位置上:

```
body{
background—image:url('/i/eg_03.gif');
background—repeat:no—repeat;
background—position:50px 100px;
}
```

提示:这一点与百分数值不同,因为偏移只是从一个左上角到另一个左上角。也就是说,图像的左上角与 background-position 声明中的指定的点对齐。

(4) background 属性。可以将以上背景属性用 background 简写,如下所示:

body{

background:#00ff00 url(bgimage. gif)no—repeat fixed top;

}

如果不设置其中的某个值,也不会出问题,比如 background:#ff0000 url(bgimage. gif);也是允许的。

通常建议使用这个属性,而不是分别使用单个属性,因为这个属性在较老的浏览器中能够得到更好的支持,而且需要键入的字母也更少。

为"网站建设要遵循的原则"设置背景图像时,选择的元素是 h2,需要设置背景图像不重复及图像的位置。同时需要将元素的宽度和高度设置为和背景图像一样大,背景才能完整显示,但是因为页面中有很多地方使用了元素,而添加这个背景的只有这个,所以需要为这个 h2 添加一个类名,此处为"title2","营销更加智能化'三网合一'"和"营销模式多元化"分别为"title1"和"title3",CSS 样式如下:

h2{font—size:18px;font—weight:normal;width:300px;height:60px;text— align:center;line—height:60px;}

h2. title1{background:url(.. /images/apply_pic1. gif) 0 0 no—repeat;

color:#187706;}

h2. tit1e2{background:url(.. /images/apply_pic2. gif) 0 0 no—repeat;

color:#d7439d;}

h2. tit1e3{background:url(.. /images/apply_pic3. gif) 0 0 no—repeat;

color:#18c6b4;}

提示:宽度(width)和高度(height)样式属性用于改变指定元素的高度和宽度。共同的样式放在 h2 中,不同的样式放在各自的类中。

为了使文字出现在合适的位置,还设置了文本属性(text—align),使得文本水平居中。同时将行距(line—height)设置为和高度(height)相同,可以使文本在元素中垂直居中。

这样就基本得到了如图 5.7 所示的效果,最终效果还需要后期再调整。

5.2.3 设置链接样式

在首页中,有很多文本和图像都设置了超链接,而链接默认的样式并不是我们想要的效果,因此我们需要对超链接设置样式。为了让链接表现得更加活泼,对链接的几种状态还可以设置不同的样式。首页中"在线申请""查看演示"就设置了 3 种状态,而页面中的文字链接基本上也都设置了两种状态。

1) 对"在线申请"设置样式

首先看一下 HTML 代码,如下:

<a href="apply_online. html"><img src="images/1—1. png"alt="在线申请"/></a>

原来是通过插入图像的方式显示在线申请的图像,但是为了实现不同状态下显示不同图像的效果,这里需要将图像以背景的方式显示在页面中,另外为了区别页面中的其他链

接,需要给链接设置一个类名,因此把 HTML 代码改成下面这样:

<a href="apply_online. html"class="reg_online"></a>

接下来对链接的 3 种状态写样式,分别为未访问的链接、已访问的链接及鼠标经过时的链接状态,对应 3 张不同的"在线申请"的图像,CSS 样式如下:

a. reg_online:link{display:block;background:url(.. /images/1—1. png) no—repeat 0 0;width:283px;height:50px;}
a. reg_online:hover{background:url(.. /images/1—2. png)no—repeat 0 0;}
a. reg_online:active{background:url(.. /images/1—3. png)no—repeat 0 0; }

这里,因为 a 本身是内联元素,为了设置元素的宽度和高度,需要将它转化为块元素,所以设置 display:block。最终的效果如图 5.8 所示。

2)对"申请"文本设置样式

"申请"和"收藏"文本对应的 HTML 代码如下:

<img src="images/reg_icon. gif"alt=""/><a ref="apply_online. html">
申请</a><imgsrc="images/collect_icon. gif"alt=""/><a href="javascript:;">收藏</a>

同样可以给它们加上类名 top_right,区别于其他链接,这里只需要设置链接的两种样式,鼠标经过时状态颜色不一样(浅蓝色)且有下划线,其他状态没有下划线,颜色为灰色,因此设置样式如下:

a. top_right{color:#333;text—decoration:none;}
a. top_right:hover{color:#44619c;text—decoration: underline;}

设置文本是否有下划线用属性 text—decoration,属性值 none 为无下划线,underline 为有下划线。

对页面中其他超链接进行设置,效果如图 5.16 所示。

图 5.16 设置链接样式效果

5.2.4 设置列表样式

首页中的列表没有设置样式前都有默认的项目符号或者编号,我们希望改变这些项目标志,并将列表的文字设置为设计图中的样式。

1)列表标志

要修改用于列表项的标志类型,可以使用属性 list-style-type:

ul {list—style—type:square}

上面的声明把无序列表中的列表项标志设置为方块。如果要去除标志,则设置属性值为 none。"他们正在使用"下面的图像前面的标志就可以通过设置列表项为 none 来去除。

2) 列表项图像

有时,常规的标志是不够的。如果想对各标志使用一个图像,这可以利用 list-style-image 属性做到:

ul li{list—style—image:url(xxx. gif)}

只需要简单地使用一个 url()值,就可以使用图像作为标志。

3) 列表标志位置

CSS2.1 可以确定标志出现在列表项内容之外还是内容内部。这是利用 list-style-position 完成的。

ul {list—style—position:inside;}

4) 简写列表样式

为简单起见,可以将以上 3 个列表样式属性合并为一个方便的属性 list-style,就像这样:

li {list—style:url(example. gif) square inside}

list-style 的值可以按任何顺序列出,而且这些值都可以忽略。只要提供了一个值,其他的就会填入其默认值。

在首页中"酷站日记"和"帮助信息"中,我们要去除默认的项目标志,应用一个图像标志,为了与其他列表区分,我们也为列表设置类名为"about",CSS 样式如下:

- about li{list—style—image:url(.. /images/point_icon. gif);}
- about li a{color:#666;text—decoration:none;}

最终效果如图 5.9 所示。

关于列表的高级应用,将在后面介绍。

5.2.5 设置数据表格样式

首页中的"体检网站排行榜"是使用表格来制作的,可以使用 CSS 表格属性改善表格的外观。CSS 常用表格属性如表 5.3 所示。

表 5.3 CSS 常用表格属性

属　　性	描　　述
border	用于设置表格边框的属性
padding	用于设置表格单元格的边框和单元格内容之间的空间量,可以提高表格的可读性
text-align	用于改变文本的水平对齐方式
vertiacal-align	用于将文本对齐到单元格的上部、中间或底部
width	用于设置表格或单元格的宽度

续表

属　　性	描　　述
height	用于设置单元格的高度（通常也用于设置行的高度）
background-color	用于改变表格或单元格背景颜色
background-image	用于为表格或单元格的背景添加一幅图像
border-collapse	设置是否把表格边框合并为单一的边框 collapse：水平边框折叠，垂直边框互相邻接； separate：遵守独立的规则

如需在 CSS 中设置表格边框，则使用 border 属性。如下面的例子为 table、th 及 td 设置了蓝色边框：

tablet,th,td{ border:1px solid blue;}

预览后发现上例中的表格具有双线条边框。这是由于 table、th 及 td 元素都有独立的边框。如果需要把表格显示为单线条边框，则可以使用 border-collapse 属性。

table{border—collapse:collapse;}

现在我们为"体检网站排行榜"来设置样式。定义表格的宽度为 300 px，边框设置为 0，适当设置单元格边距，文本设置为左对齐，颜色为♯666666。CSS 代码如下：

table { width:300px;border:0;padding:10px;color:♯666;font—size:14px;}

完成后效果如图 5.10 所示。

5.2.6　设置表单样式

首页中登录部分是用表单来实现的，我们可以应用学过的知识来对表单进行样式的设置。为了得到预期的效果，修改部分 HTML 代码，并在相关元素中添加类，HTML 代码如下：

```
<form>
    <ul>
        <li class="membt">会员登录</li>
        <li><p><span>账号:</span><input type="text"class="login_txt"/></p></li>
        <li><p><span>密码:</span><input type="password"class="login_txt" /></p>
</li>
        <li><input type="checkbox" />记住密码   <span class="fr">忘记登录密码？</span></li>
        <li><input type="button"value="登录"></li>
    </ul>
</form>
```

1）设置 form 样式

首先设置 form 的样式，使其按照效果图中的大小和背景来显示。

form {width:283px;height:263px;background—color:#b3b303;}

2) 设置列表 ul 样式

由于表单元素用列表来排列,所以先设置列表样式,去除列表项标志以及表单中的字体大小和颜色。

form ul {list—style—type:none;color:#fff;font—size:12px;}

3) 设置段落 p 样式

确定每行的背景和大小,设置文本垂直居中。

form ul p {color:#666;background—color:#fff;width:224px;height:30px;line— height:30px;}

4) 设置文本字段 input 样式

这里需要去除 input 默认的边框样式,要用到边框属性 border。边框分为上边框、右边框、下边框、左边框。每个边框都可以规定元素边框的样式(border-style)、宽度(border-width)和颜色(border-color)。

(1) 边框样式(border-style)。设置元素所有边框的样式,或者单独地为各边设置边框样式。它有 10 个属性值,分别如下。

none:无样式。

hidden:同样是无样式,主要用于解决和表格的边框冲突。

dotted:点划线。

dashed:虚线。

solid:实线。

double:双线,两条线加上中间的空白等于 border-width 的取值。

groove:槽状。

ridge:脊状,和槽状相反。

inset:凹陷。

outset:凸出,和 inset 相反。

其中 groove、ridge、inset、outset 有些像 3D 效果,它的效果受 border-color 的影响。

border-style 作用在 4 个方向时,如果它书写 4 个参数值,将按照上—右—下—左的顺序定义边框。如果只设置一个,将用于 4 个边框统一设置。如果设置 2 个值,第一个作用于上下,第二个则作用于左右。如果设置 3 个值,第一个作用于上边框,第二个作用于左右边框,第三个作用于下边框。

(2) 边框颜色(border-color)。这个属性用来定义所有边框颜色,或者为 4 个边分别设置颜色,它可以取颜色的值或被设置为透明(transparent)。border-color 属性值的个数与其所对应方向的边框效果的设置方法和 border-style 的设置方法相同。

(3) 边框宽度(border-width)。border-width 可定义 4 个边框的宽度,即边框的粗细程度,它有 4 个可选属性值:

medium(是默认值,通常大约是 2 像素)。

thin(比 medium 细)。

thick(比 medium 粗)。

用长度单位定值。可以用绝对长度单位(cm、mm、in、pt、pc)或者相对长度单位(em、ex、px)。

border-width 属性值设置的个数与所对应方向产生的效果和 border-style、border-color 的设置方法相同。

(4) 边框(border)。border 是一个综合性写法,它设置的是 4 个边框的宽度、样式和颜色,不能对某一个边框单独设置。它的格式:

border:border-width border-style border-color;

例如:

.bk01{border:3px solid #FF0000;}

(5) 单边边框的设置方法。border-top 的设置格式和 border 相同,依次设置宽度、样式、颜色。border-top 是将宽度、样式、颜色 3 种属性值放在一起设置的属性,如果要单独设置其中的任意一项也可以使用以下属性:border-top-width(单独设置上边框宽度)、border-style(单独设置上边框样式)、border-color(单独设置上边框颜色)。如以下两种方式设置相同:

#sbk01 { border-top:1px dashed #FF0000;}

#sbk01 { border-top-width:1px;border-top-style:dashed;border-top-color:#FF0000;}

为登录中的文本字段设置样式如下:

form input.login_txt{border:none;width:180px;height:28px;line-height:28px; color:#999;}

5) 设置按钮样式

登录按钮的做法与"在线申请"类似,代码如下:

Form a.login_btn:link{display:block;background:url(../images/2-1.jpg) no-repeat 0 0;width:224px;height:46x;}

Form a.login_btn:hover{background:url(../images/2-2.jpg) no-repeat 0 0;}

Form a.login_btn:active{background:url(../images/2-3.jpg) no-repeat 0 0;}

以上设置完毕后效果如图 5.11 所示。

【归纳总结】

本项目的任务是对首页中部分元素设置样式,主要介绍了 CSS 常用的样式,包括文本、背景、链接、列表、边框、表格及表单的样式,详细的样式可以查询 CSS 参考手册。

掌握了基本的样式设置,可以使网页中的文本更具可读性,链接样式灵活,能制作出漂亮的表格和表单,所以一定要理解和掌握。

【项目训练】

(1) 根据"我的酷站"首页效果图,完成其他元素样式的设置,另外完成"在线申请"页面的样式设置。

(2) 根据实践项目的效果图,完成首页中元素的样式设置。

5.3　使用 DIV＋CSS 布局首页

【项目引入】

在上一个项目任务中,已经对首页中的一些文本、图像、链接、列表、表格及表单等进行了样式的设置,但是页面还没有达到设计图的效果,我们需要对页面进行布局,可以使用 DIV 元素来划分页面的各个模块,然后进一步使用 CSS 样式对 DIV 进行定位和格式化,最终完成首页的布局。

【项目展示】

使用 DIV＋CSS 完成首页布局的效果如图 5.17 所示。

图 5.17　首页布局效果

【项目实施】

➡ **5.3.1　插入 DIV**

标签可以把文档分割为独立的、不同的部分。它可以用作严格的组织工具,并且不使用任何格式与其关联。如果用 id 或 class 来标记,那么该标签的作用会变得更加有效。

在布局首页前,需要用<div>开始和结束标记把属于一个逻辑部分的元素包围起来。也就是说,DIV 为文档添加了额外的结构。借助结构,把页面分成几个合理的逻辑结构,这样有助于网页结构的清晰和样式化。同时可以使用 id 或 class 对这些 DIV 进行标志,这么做不仅为 DIV 添加了合适的语义,而且便于进一步使用样式对 DIV 进行格式化,可谓一举两得。

1) 划分整体结构

从首页效果图中我们可以看出,页面可以分成页眉区(header)、广告区(banner)、主要内容区(content)、其他信息区(other_info)及页脚区(bottom)。用 DIV 标签将页面划分为以上几部分,并用 id 属性对每个区域进行标志,如图 5.18 所示。

header
banner
content
other_info
bottom

图 5.18　首页版块划分

其结构代码如下:

```
<body>
<! —header——>
<div id="header">
<! ——此处为页眉区——>
</div>
<! ——banner——>
<! ——此处为 banner 区——>
<! ——login——>
<div id="login">
<! ——此处为登录部分——>
</div>
<! ——content——>
<div id="content">
<! ——此处为主要内容区——>
</div>
```

```
<div id="otherinfo">
<!——此处为其他信息区——>
</div>
<!——bottom——>
<div id="bottom">
<!——此处为页脚区——>
</div>
</body>
```

提示:<!——注释——>为 html 中的注释。注释出现在 html 源文件中,但浏览器并不显示它们,在适当位置添加注释是很好的习惯,有助于自己和团队对源代码的理解与修改。

2)添加更多结构

划分整体结构以后,我们发现有些结构中还需要继续添加结构,比如页眉区,可以将"申请"和"收藏"放在一起,主要内容区中每个应用的介绍可以放在一起等,这些结构有助于别人理解网页及维护网页,并应用样式来定位和格式化。按照逻辑,完成页面所有结构的添加,并用相应的类名来表示 DIV,其代码如下:

```
<div class="apply pr0 fl">
    <h3 class="title3">营销模式多元化</h3>
    <div class="pl10 pr5">
        <h2 class="f16 fn mt10">新媒体的出现</h2>
        <p>新媒体也在不断地出现,企业官网、企业手机官网、企业微网站的建设顺应互联网发展的潮流,而助力中小企业成长,一直也是酷站所倡导的宗旨。</p>
        <h2 class="f16 fn">网络媒体的实力在持续的提升</h2>
        <p>运用"三网合一"的智能化营销模式,不仅操作便利,而且极大地减少了中小企业在后台维护、管理方面的时间以及成本,并且真正地做到了省钱、快捷。</p>
        <h2 class="f16 fn">更加智能化</h2>
        <p>"三网合一"的营销方式,让企业通过网站建设的营销变得更加智能化、系统化。</p>
        <a href="#"class="db tr about_more">更多特性  &gt;&gt;</a>
        <a href="#"class="db tc mt20 apply_icon pngfix"></a>
    </div>
</div>
```

提示:结构是在需要时进行添加的,而不是为了结构而添加结构,只要能完成任务,结构越简单越好。如果添加<div>只是想使页面中有更多的结构,那么这样做除了使页面变得复杂之外没有任何真正的好处。

5.3.2　熟悉盒模型

页面结构搭建好之后,就可以使用 CSS 样式来布局网页了。要灵活使用 CSS 布局技术,首先要理解盒模型的概念。

1) 什么是盒模型

W3C 组织建议把所有网页上的对象都放在一个盒(box)中,可以通过创建定义来控制这个盒子的属性。盒模型主要定义 4 个区域:内容(content)、内边距(padding)、边框(border)、外边距(margin)。它们之间的层次相互影响。盒模型的示意图如图 5.19 所示。

图 5.19 盒模型示意图

我们可以把这些属性转移到我们日常生活中的盒子上来理解,日常生活中所见的盒子也具有这些属性,所以叫它盒模型。那么内容(content)就是盒子里装的东西;而内边距(padding)就是怕盒子里装的东西损坏而添加的泡沫或者其他抗震的辅料;边框(border)就是盒子本身了;至于外边距(margin)则说明盒子摆放的时候不能全部堆在一起,要留一定空隙保持通风,同时也为了方便取出来。在网页设计上,内容常指文字、图片等元素,但是也可以是小盒子(DIV 嵌套),与现实生活中盒子不同的是,现实生活中的东西一般不能大于盒子,否则盒子会被撑坏的,而 CSS 盒子具有弹性,里面的东西大过盒子本身最多把它撑大,但它不会损坏的。内边距只有宽度属性,可以理解为生活中盒子里的抗震辅料厚度,而边框有大小和颜色之分,我们又可以理解为生活中所见盒子的厚度及这个盒子是用什么颜色的材料做成的,外边距就是该盒子与其他东西要保留多大距离。

通过盒模型,可以为内容(content)设置外边距(margin)、内边距(padding)及边框(border)属性。height 属性可以定义内容的宽度和高度而不是整个盒子的宽度和高度,内边距出现在内容区域的周围。如果在元素上添加背景,那么背景应用于元素的内容和内边距组成的区域。因此可以用内边距在内容周围创建一个隔离带,使内容不与背景混合在一起。添加边框会在内边距区域外边增加一条线。这些线可以有不同的样式和宽度,如实线、虚线、点划线。在边框外边的是外边距,外边距是透明的,一般使用它控制元素之间的间隔。

2) 理解盒模型

在 CSS 布局之前,必须要彻底理解盒模型,这里再强调几个方面。

(1) margin 总是透明的,padding 也是透明的,但 padding 受背景影响,能够显示背景颜色或背景图像。

(2) border 是不透明的,这是因为实线边框的遮盖。当定义虚线或点划线边框时,在部分浏览器中可以看到被边框遮盖的背景。盒模型背景可以深入到 padding 和 border 区域,但部分浏览器不支持 border 区域背景显示,如 IE 和 Netscape 浏览器。

(3) margin 可以定义负值,但 border 和 padding 不支持负值。

(4) margin、border 和 padding 都是可选的。内边距、边框和外边距可以应用于一个元素的所有边,也可以应用于单独的边,如:

padding—top:20px;//为元素单独设置上内边距

padding:15px; //元素的所有内边距都为 15px

padding:1px 2px 3px 4px //分别为每个边设置内边距,顺序为上右下左

border—top:1px solid #ccc;//为元素单独设置上边框

border:2px dashed #000;//为所有边设置边框

(5) 每一个盒子所占页面区域的宽度和高度等于 margin 外沿的宽度和高度。盒子的大小并不总是内容区域的大小。

(6) 浏览器窗口是所有元素的根元素,也就是说 HTML 是最大的盒子,也有浏览器把 body 看作最大的盒子。

5.3.3 CSS 布局网页

在开始布局之前,要认识到 CSS 布局的特色就是结构和表现分离。在结构和表现分离后,代码才简洁,更新才方便,这也是使用 CSS 进行网页布局的目的所在。

1) CSS 网页布局的基本思路

(1) 用 DIV 划分各个区域,这部分在 5.3.1 中已经实现。

(2) 用 CSS 定位各个区域的位置,将用 float 布局。

(3) 定义每个区域中块状元素的间距和边距。

(4) 定义每个区域的背景色、字体颜色、边框线。这步已经在项目任务 5.2 中基本实现了,只需微调。

2) float 布局

在正常情况下,浏览器从 HTML 文件的开头开始,从头到尾依次呈现各个元素,块元素从上到下依次排列,内联元素在块元素内从左到右依次排列。而 CSS 的某些属性却能够改变这种呈现方式,这些属性就是这里要讲的,主要是 float 与 position 属性,另外还有 clear 属性用以协助 float,z—index 属性协助 position。这些属性值均无法继承。

float 属性定位:float 属性值可以为 left、right、none。none 为默认值,表示不漂移该元素,浏览器以正常方式显示。若设置为 left 或 right,则表示将该元素漂移到左方或右方。那什么叫漂移呢?

简单地说,漂移是指将某元素从正常流中抽出,并将其显示在其父元素的左方或右方的一个过程。下面来举例说明。

假设我们有以下 HTML,为了能更清楚地看到布局,我们将整体结构都加上了一个红色的边框,子结构加上蓝色的边框,并给段落加上橙色的背景色,源代码如下。

HTML 代码:

<html>

```
<body>
<! —header——>
页眉区
<div id="header">
<! ——此处为页眉区——>
</div>
<! ——content——>
<div id="content">
<! ——此处为主要内容区——>
<! ——此处为导航区——>
<div id="leftbar">
<ul>
<li>首页</li>
<li>关于我们</li>
<li>联系我们</li>
<li>服务条款</li>
<li>酷站日记</li>
<>帮助信息</li>
<li>意见反馈</li>
</ul>
</div>
<! —此处为内容区——>
<div id="main">
<p>
```

　　山东水利职业学院作为省属公办全日制普通高校,是以水利为特色,工科为优势的综合性院校,具有近 60 年职业教育办学历史。学院始终坚持"以人为本,以水为魂"的办学理念,秉承"上善若水"的品格,敞开"海纳百川"的胸怀,专注内涵发展,打造核心竞争力,是全国首批水利高等职业教育示范院校、山东省首批技能型人才培养特色名校、山东省高校就业工作优秀院校和山东省德育工作优秀高校,先后荣获"全国水利行业技能人才培育突出贡献奖""全国职业院校魅力校园""全国水利职工教育先进集体""山东省文明校园""山东省高校体育优秀单位"等荣誉。

```
</p>
</div>
</div>
<! ——bottom——>
<div id="footer">
版权信息
<! ——此处为页脚区——>
</div>
</body>
</html>
```

CSS 代码:

```
#header, #footer, #content
{
border:solid 1px red;
}
#leftbar, #main
{
border:solid 1px blue;
}
p
{
background—color:orange;;
}
```

这段 HTML 在浏览器中将显示为如图 5.20 所示。

图 5.20　原始页面效果

如果将其中的 leftbar 设置为 float:left;width:20%,那么其效果将如图 5.21 所示。

图 5.21　设置 leftbar 的 float 为 left 后效果

以上就是 float 的原理。不过,在实际实践中,我们通常需要的是 leftbar 与 main 各自成
一列,而不希望 main 的内容还流入到 leftbar 的下面。因此我们可以给 main 指定 margin-

left:20%。效果如图 5.22 所示。

图 5.22 设置 main 的外边距后效果

从上图我们发现了一个问题，那就是 leftbar 突破了其父元素 content 的区域。是的，漂移元素不再受其父元素区域的限制，或者说漂移元素不会使其父元素的区域撑大。这导致 footer 的呈现不满足我们的需要。这时 clear 属性可以帮助我们，我们给 footer 加上 clear: left 的属性试试，效果如图 5.23 所示。

图 5.23 设置 clear 属性后效果

掌握了 float 布局以后，我们来完成首页的 CSS 布局。样式按照区域写在相应的位置，并写上注释。

（1）首先由于很多元素会有一些公用的样式，我们先写一些共同的样式，比如设置元素默认的内外边距为 0，页面默认字体，页面居中，清除浮动，等。

```
/* common style */
body,h1,h2,h3,h4,h5,h6,hr,p,blockquote,dl,dt,dd,ul,ol,li,pre,form,fieldset,legend,button,input,
textarea,th,td{margin:0;padding:0;}/* 设置元素内外边距为 0 */
body,button,input,select,textarea{font:12px/1.5"微软雅黑","\5b8b\4f53";color:#666}/* 设置默
认的字体色等 */
ol,ul,li{list-style-type:none;}/设置项目符号无 */
.clear{clear:both;font-size:0px;height:0px;}
.clearfix{*zoom:1;}
```

```
.clearfix:after{display:block;height:0;visibility:hidden;content:"";clear:both;}/*以上3条规则为
清除浮动*/
.bc{margin-left:auto;margin-right:auto;}/*设置元素居中*/
.fl{float:left;display:inline;}/*向左浮动*/
.fr{float:right;display:inline;}/*向右浮动*/
.w990{width:990px;}/*定义网页整体大小为990px*/
```

（2）网页整体大小都为 990 像素。设置页眉区大小为 990 像素，为 header 添加类 w990，并且使层居中，添加类 bc。设置 LOGO 为左漂移，右侧 top_right 为右漂移。效果如图 5.24 所示。

图 5.24　页眉区效果

```
/*header*/
.top_right{margin-top:10px;}
.top_right a{margin-right:5px;color:#333;text-decoration:none;}
.top_right a:hover{color:#44619c;color:#44619c;text-decoration:underline;}
.top_right img{margin:0 3px -2px,7px;}
```

（3）banner 部分是一个图像展示的效果，用 jQuery 来实现，当前先用背景和图片来展示，为 banner 设置背景色为♯fa8a38，调整图像位置。效果如图 5.25 所示。

```
/*banner*/
*banner{width:100%;height:400px;background-color:#fa8a38;}
♯banner img{margin-left:150px}
```

图 5.25　banner 效果

（4）为 content 设置宽度为 990 像素，并设置居中。然后设置每个应用都为左漂移，因此要为 content 清除浮动（<div id="content"class="w990 bc clearfix">）。再为 apply 设置样式，包括其宽度，内外边距等，调整之前设置的 apply 内部元素的样式。效果如图 5.26 所示。

```
/*apply*/
.apply{width:300px;padding-right:45px;}
.pr0{padding-right:0px;}
.apply h2{font-size:18px;font-weight:normal;width:300px;height:60px;text-align:center;line-
height:60px;}
.apply h2.title1{background:url(../images/apply_pic1.gif)0 0 no-repeat;color:#187706;}
.apply h2.title2{background:url(../images/apply_pic2.gif)0 0 no-repeat;color:#d7439d;}
```

.apply h2.title3{background:url(../images/apply_pic3.gif)0 0 no-repeat;color:#1806b4;}

.apply h3{font-size:16px;font-weight:normal;color:#333333;line-height:30px;}

.apply p{line-height:22px;height:66px;overflow:hidden;color:#acacac;}

.apply.about_more{color:#1877c6;text-align:right;text-decoration:none;display:block;}

.apply a.apply_icon:link{display:block;background:url(../images/3-1.png) no-repeat 0 0;width:172px;height:39px;margin-legt:50px;}

.apply a.apply_icon:hover{ background:url(../images/3-2.png) no-repeat 0 0;}

.apply a.apply_icon:active{ background:url(../images/3-3.png) no-repeat 0 0;}

图 5.26   content 效果

（5）other_info（其他信息部分，包括体检网站排行榜、帮助信息）的设置方法基本和 content 类似。要为 other_info 设置一个背景图像，以及设置其外边距，使其与 content 有一定间距。效果如图 5.27 所示。

/* otherinfo */

.other_info { width:100%; height:295px; background:url(../images/ other_info_bg.gif) 0 0 repeat-x;}

.check_top { width:240px; color:#666;}

.check_top ul li { overflow:auto;}

.check_top ul li a { color:#666;}

.use_apply { width:280px; margin-left:120px; margin-right:110px;}

.use_apply ul li { width:138px; float:left;}

.aboute ul li { padding-left:10px; background:url(../images/point_icon.gif) 2px center no-repeat;}

.aboute ul li a { color:#666;}

图 5.27   other_info 效果

（6）bottom 部分分为底部信息和版权信息，先为元素添加适当结构，为 bottom 设置背景图像，底部信息的部分设置均为左漂移，方法与前面的 other_info 也类似。最后设置版权部分的样式（copy_right），效果如图 5.28 所示。

```
/ * bottom * /
. bottom { width: 100%; background: #e5e5e5 url(.. /images/bottom_bg. gif) 0 0 repeat—x;}
. w560 { width: 560px;}
. bd4 { border—bottom: 1px solid #d4d4d4;}
. bf2 { border—top: 1px solid #f2f2f2;}
. about { width: 120px; color: #acacac;}
. about span { color: #666;}
. about a { color: #acacac;}
. focus { width: 210px; margin—left: 60px; margin—right: 60px;}
. focus p a { width: 91px; height: 25px; margin—bottom: 9px; margin—right: 8px; display: inline—
block; background: url(.. /images/focus_pic. gif) 0 0 no—repeat;}
. focus p a. focus_2 { background—position: —91px —25px;}
. focus p a. focus_3 { background—position: —91px 0;}
. focus p a. focus_4 { background—position: 0px —25px;}
```

图 5.28　bottom 效果

至此，首页的效果基本已经实现了，其中的登录部分，要定位在 banner 的右侧，以使用 CSS 中的 position 属性来实现，然后用 z—index 来控制层的层叠关系。

3）position 定位

position 可以设置为以下 4 个值。

（1）static:默认值，表示以正常流的方式排版元素。

（2）absolute:将元素从正常流中抽出，并摆在页面指定的位置（由 top、left、right、bottom 属性指定），该元素不会对其他元素产生任何影响（这是与漂移元素的一个很大的不同）。

（3）fixed:将元素从正常流中抽出，并摆在浏览器窗口指定的位置（由 top、left、right、bottom 属性指定），它使元素不随着页面的滚动而滚动，永远固定在浏览器的某个位置上。

（4）relative:元素仍然是页面流的一部分，浏览器先以正常模式排定所有元素，在最后一刻，浏览器将该元素偏移一定的位置（由 top、left、right、bottom 属性指定）。

如果有好几个指定 position 的元素重叠，那么它们哪个在前哪个在后呢？这时可以用

z-index 属性来实现,该属性值越大越靠前。

回到首页布局中,为了使得登录区域相对于 banner 定位,将 login 放置到 banner 中,并将 banner 设置为相对定位,login 设置为绝对定位。效果如图 5.29 所示。

/ * login * /

. login_box { width: 283px; margin—top: —360px; position: relative; left:30px;z—index: 12;}

. login_box a. reg_online:link {display:block; background: url(../images/1—1. png) no—repeat 0 0; width: 283px;height:50px;}

. login_box a. reg_online:hover{background: url(../images/1—2. png) no—repeat 0 0;}

. login_box a. reg_online:active { background: url(../images/1—3. png) no—repeat 0 0;}

. login { width: 283px; height: 263px; position: relative;}

. login a. login_btn:link {display:block;background: url(../images/2—1. jpg) no—repeat 0 0;width: 224px;height: 46px;}

. login a. login_btn:hover {background: url(../images/2—2. jpg) no—repeat 0 0;}

. login a. login_btn:active {background: url(../images/2—3. jpg) no—repeat 0 0;}

. login_cont { width: 224px; padding—top: 10px; color: #fff; position: absolute; left: 30px; top: 0px; z—index: 2;}

. login_cont li { padding: 5px 0;}

. login_ipt p { width: 224px; height: 30px; line—height: 30px; background: #fff; color: #999;}

. login_ipt p span { width: 44px;}

. login_txt { width: 180px; height: 30px; line—height: 30px; border: 0; color: #999;}

. remember_psw { vertical—align: —2px; * vertical—align: —1px; margin—right: 3px; * margin—right: 0px;}

. login_cont li a { color: #fff;}

. login_bg { width: 283px; height: 263px; position: absolute; top: 0px; left: 0px; background: #000; filter: alpha(opacity=30); opacity: 0.3; z—index: 1;}

图 5.29　login 效果

最终首页的效果如图 5.17 所示。

【归纳总结】

本项目任务通过用 DIV 搭建网站结构、用 CSS 布局技术完成对首页的布局,必须熟练掌握网页逻辑结构的划分、盒模型、float 浮动布局及定位。合理使用类和 id 属性,掌握 CSS 的语法规则,尽量优化代码,防止重复。

【项目训练】

(1) 根据"在线申请"效果图，完成页面的布局，效果如图 5.30 所示。

(2) 根据实践项目首页的效果图，完成首页布局。

 5.4　小　结

项目 5 主要介绍了 CSS 样式，可以通过 3 种方法将 CSS 应用于 HTML 页面上：内联样式、内部样式表和外部样式表。附加外部样式表有很多优点，是目前文档应用样式最常用的方式。

图 5.30　"在线申请"页面

CSS 由一个选择符和一个声明构成。选择符开始一个规则并指出该规则应用到 HTML 文档的哪部分。声明由属性和属性值组成，用来设置指定选择符的样式。当样式表中的规则比较多时，可以通过注释来管理样式表。

要将 CSS 样式应用到特定的 HTML 元素，就需要找到这个元素，这时可以通过选择器来找到指定的 HTML 元素，并赋予样式声明，从而实现各种效果。选择器种类很多，包括标签选择器、类选择器、ID 选择器和一些高级选择器。

CSS 中常用的样式属性包括文本、背景、边框、列表、链接等，掌握这些属性可以熟练地设置元素的样式，包括对文本、图像、表格、表单的样式设置。

CSS 布局技术应该建立在盒模型、浮动和定位等概念之上。应熟练掌握网页居中、清除浮动等常用技巧。理解 float 浮动布局，并灵活应用，float 和列表结合使用，还可以制作很多美观的水平菜单。理解 CSS 定位，结合使用相对定位和绝对定位可以完成一些特效。

 5.5　技能训练

5.5.1　使用 CSS 布局技术完成网页

【操作要求】

(1) 完成网页结构。

在"新建"站点中，新建一个首页 index.html，完成首页的 HTML 结构。

(2) 用 CSS 布局技术布局网页。

引用外部样式表编写样式，完成首页效果，如图 5.31 所示。

图 5.31　样图 A

5.5.2　使用列表和 CSS 制作菜单

【操作要求】

（1）完成菜单结构

在"新建"站点中，新建一个页面，用列表完成两个菜单的 HTML 结构。

（2）用 CSS 完成菜单样式。

引用外部样式表，编写样式，完成垂直菜单和水平菜单效果。如图 5.32 和图 5.33 所示。

图 5.32　样图 B

首页　酒店　旅游　机票　火车　汽车票　用车　门票　团购　攻略　全球购　礼品卡　商旅　邮轮　天海邮轮　更多

图 5.33　样图 C

项目 6　创建并应用网页模板

通过前面项目的实施,已经初步完成了网站首页的制作,但是一个完整的网站会有多个页面,而有些页面在布局上都是相同的,这时使用 Dreamweaver 中的模板就可以大大提高相同布局网页的制作效率。创建模板既是为了节省网站的开发时间,也是为了统一网站的风格,更是便于团队合作及网站的维护和更新。下面我们来学习网页模板的制作。

6.1　创建并应用网页模板

【项目引入】

模板是创建其他文档的样板文档,它决定文档的基本结构和文档设置,例如字符格式、段落格式、页面格式等样式。利用 Dreamweaver 创建一个样板文档,并为其设置可编辑区域,则其他类似页面可以基于此模板创建,并在可编辑区域输入不同的内容形成不同的网页。需要注意的是,如果没有将某个区域定义为可编辑区域,那么由此模板文件生成的页面就无法编辑该区域中的内容。因此,模板文件中至少应有一个可编辑区域。

【项目展示】

网页模板文件效果如图 6.1 所示。

图 6.1　网页模板文件效果

【项目实施】

6.1.1　创建模板

在 Dreamweaver 软件中,模板的创建主要有 3 种方法。下面以创建"我的酷站"的子页为例,来看一下模板的创建方法。

1）创建空模板

（1）打开文件面板的"资源"选项卡,在左侧按钮中选中"模板"类别,如图6.2所示。

（2）在"模板"面板的右下角单击"新建模板"按钮,即生成模板文件,如图6.2所示。

（3）这时会在"名称"对应的列表下出现未命名模板"Untitled",将其修改为"moban",如图6.3所示。

图6.2　"资源"选项卡中新建模板

图6.3　模板文件的编辑

（4）单击"编辑"按钮,则进入模板文件编辑界面,可以开始模板页面的制作。

2）将普通网页另存为模板

如果已经完成了一个子页面的制作（aboutus.html）,那么只需要将这个子页另存为模板即可完成网站模板的制作。具体操作方法如下：

（1）打开已制作完成的子页,以"aboutus.html"页面为例,保留子页中共同需要的区域（即锁定区域）,删除每张页面中内容发生变化的部分,如图6.4所示。

（2）选择"文件"|"另存为模板…"菜单命令,将网页另存为模板。

（3）在弹出的"另存模板"对话框中（如图6.5所示）,"站点"下拉列表框用来设置模板保存的站点。"现存的模板"选框显示了当前站点的所有模板。"另存为"文本框用来设置模板的命名。单击"保存"按钮,就把当前网页（.html）转换为了模板（.dwt）,同时将模板另存到所选择的站点。

图6.4　删除内容发生变化的部分

图6.5　"另存模板"对话框

（4）单击"保存"按钮后，系统将自动在根目录下创建 Templates 文件夹，并将创建的模板文件保存在该文件夹中，如图 6.6 所示。

图 6.6　保存在 Templates 文件夹下的模板文件

提示：在保存模板时，如果模板中没有定义任何可编辑区域，系统将显示警告信息。可以先单击"确定"按钮，然后再定义可编辑区域。

3）从文件菜单中新建模板

选择"文件"|"新建"菜单命令，打开"新建文档"对话框（如图 6.7 所示），然后在类别中选择"空模板"，并选取相关的模板类型"HTML 模板"，直接单击"创建"按钮即可。

图 6.7　"新建文档"对话框

6.1.2　制作模板页面

如果在创建模板过程中，选择上面介绍的方法一和方法三，那么下面就要开始模板页面的制作了。前面我们已经学习了如何制作网站的首页，模板页面的制作与首页制作的方法相同，不同的地方在于多个子页中内容不同的地方我们只需要用 DIV 表示出来，而不需要在其间加入文字、图片等内容。

下面以"我的酷站"为例来看一下模板页面的制作。首先对比设计好的多个子页面,我们发现这些子页的 LOGO、导航及页脚部分都是一样的,而中间部分的内容根据页面主题的不同而不同。所以我们要制作的模板页面,应将其相同部分制作出来,而不同部分用一个空白的 DIV 层表示,具体效果如图 6.4 所示。当确定好模板的具体效果后,就可以开始模板页面的制作了。

(1) 首先打开前面新建的"moban. dwt"模板页,其对应的 DIV 布局图如图 6.8 所示,根据布局图完成其 DIV 框架,具体代码如下。

```
<body>
<div><!—页面顶端内容相同部分—>
    <!—网站 logo ——>
    <div>
        <div><!—文字:登录/注册/收藏——></div>
        <!—导航——>
    </div>
</div>
<div><!—页面底端内容相同部分—>
<div></div>
</div>
</body>
```

图 6.8　子页效果图及 DIV 布局图

(2) 在注释对应的位置输入内容,具体说明代码如下,输入代码后页面效果如图 6.9 所示。

```
<body>
<div>
    <a href="../index. html"><img src="../images/logo. gif"alt="" /></a>
    <div>
        <div><a href="#">登录</a>|<a href="#">注册</a>|<a href="javascript:;">收藏</a></div>
        <ul>
            <li><a href="../aboutus. html"class="cur">关于我们</a></li>
```

```
        <li><a href=".. /contactus. html">联系我们</a></li>
        <li><a href=".. /service. html">服务条款</a></li>
        <li><a href=".. /diary_list. html">酷站日记</a></li>
        <li><a href=".. /help. html">帮助信息</a></li>
        <li><a href=".. /feedback. html">意见反馈</a></li>
      </ul>
    </div>
  </div>
  <div></div>

  <div>
  </div>
  </div>
  <div>
    <div>
      <a href=".. /aboutus. html">关于我们</a>|<a href=".. /contactus. html">联系我们
</a>|<a href=".. /service. html">服务条款</a>|<a href=".. /diary_list. html">酷站日记</a>
|<a href=".. /help. html">帮助信息</a>|<a href=".. /feedback. html">意见反馈</a>
      <p>鲁 ICP 备 12012243 号</p>
    </div>
  </div>
</body>
```

图 6.9　利用 DIV 实现的模板页面

（3）HTML 代码部分完成后，就需要开始对模板进行美化了。在制作首页时已经创建了很多类样式，这些类样式在模板页面中同样也可以使用，所以可以先将前期已写好的 CSS 样式表文件 efp. css 导入到模板页面中，只要在<title>标签中输入如下代码即可，其页面效果如图 6.10 所示。

```
<link rel="stylesheet"type="text/css"href=".. /css/efp. css">
```

图 6.10 导入样式后的模板文件效果

（4）打开 efp.css，并在此文件中创建模板页面中需要用到的样式，具体包括如下样式。

① 类样式"intro_body"，用于实现对整个模板网页背景的设置，代码如下：

.intro_body｛background：＃f1f3f8 url(../images/body_bg.gif) 0 0 repeat－x;｝

② 类样式"infro_wrap"，用于设置主要内容所在层的大小及外观，具体代码如下：

.intro_wrap｛width：870px; height：auto! important; height：650px; min－height：650px; border：1px solid ＃dcdcdc; background：＃fff;｝

③ 导航效果包含对＜li＞标签样式的设置及＜a＞标签样式的设计，具体代码如下：

.menu｛width：600px; padding－top：6px;｝

.menu li｛width：90px; height：50px; line－height：50px; text－align：center; float：left;｝

.menu li a｛color：＃393939; display：block; margin－right：0px;｝

.menu li a:hover,.menu li a.cur｛text－decoration：none; color：＃5d76a9; background：url(../images/menu_bg.gif) 0 0 no－repeat;｝

④ "登录|注册|收藏"所对应的样式，具体代码如下所示：

.top_right div a｛margin：0 5px;｝

与"页脚"所对应的样式，具体代码如下：

.footer,.footer a｛color：＃808080;｝

.footer｛padding：30px 0 60px 0;｝

.footer a｛margin：0 7px;｝

（5）写好样式后，将以上样式与原有样式结合后运用到对应的标签上，即可看到设置了样式的模板效果如图 6.11 所示，具体应用如下代码所示。

图 6.11　加样式后的模板效果

```
<body class="intro_body">
<div class="w990 bc clearfix pb40">
    <a href="../index.html"class="fl"><img src="../images/logo.gif"alt="" /></a>
    <div class="fr top_right mt10 tr">
        <div><a href="#">登录</a>|<a href="#">注册</a>|<a href="javascript:;">收藏</a></div>
        <ul class="menu tl clearfix f16">
            <li><a href="../aboutus.html"class="cur">关于我们</a></li>
            <li><a href="../contactus.html">联系我们</a></li>
            <li><a href="../service.html">服务条款</a></li>
            <li><a href="../diary_list.html">酷站日记</a></li>
            <li><a href="../help.html">帮助信息</a></li>
            <li><a href="../feedback.html">意见反馈</a></li>
        </ul>
    </div>
</div>
<div class="cl"></div>
<div class="intro_wrap bc mb40">
<!-- TemplateBeginEditable name="content"--><!-- TemplateEndEditable --></div>
</div>
<div class="bottom tc">
    <div class="footer l24">
        <a href="../aboutus.html">关于我们</a>|<a href="../contactus.html">联系我们</a>|<a href="../service.html">服务条款</a>|<a href="../diary_list.html">酷站日记</a>|<a href="../help.html">帮助信息</a>|<a href="../feedback.html">意见反馈</a>
        <p>鲁 ICP 备 12012243 号 465</p>
    </div>
</div>
</body>
```

6.1.3 插入可编辑区域

模板创建好后,要在模板中建立可编辑区域,只有在可编辑区域里,才可以编辑基于模板生成的网页内容。原则上,可以将网页上任意选中的区域设置为可编辑区域,但是最好是基于 HTML 代码的,这样在制作时更加清楚。

1) 插入可编辑区域

以给"我的酷站"的模板插入可编辑区域为例,模板中在样式为"intro_wrapbcmb40"的 DIV 层中需要插入可编辑区域。具体操作步骤如下:

(1) 在文档窗口中,选中需要设置为可编辑区域的部分,单击"常用"插入栏的"模板"按钮,在弹出菜单中选择"可编辑区域"命令,如图 6.12 所示。

(2) 在弹出的"新建可编辑区域"对话框中,如图 6.13所示,给该区域命名,然后单击"确定"按钮。

图 6.12 "常用"插入栏的"模板"按钮

图 6.13 "新建可编辑区域"对话框

新添加的可编辑区域有蓝色标签,标签上是可编辑区域的名称,如图 6.14 所示。对应的 HTML 代码为:

<! ——TemplateBeginEditablename="content"——><! ——TemplateEndEditable——>

图 6.14 可编辑区域

2) 删除可编辑区域

（1）使用标签删除。删除可编辑区域，可以选中可编辑区域的标签＜mmtemplate：editable＞，用右键单击该标签，在弹出的快捷菜单中选择"删除标签"命令即可，如图 6.15 所示。

（2）使用菜单删除。将光标置于要删除的可编辑区域内，选择"修改"|"模板"|"删除模板标记"菜单命令，在光标所在区，右键单击"可编辑区域"标签的快捷菜单域的可编辑区即被删除。

6.1.4　应用模板

图 6.15　使用标签删除

1）创建基于模板的文档

在 Dreamweaver 中创建基于模板的文档，其方法有很多种，常见的有如下几种：

（1）选择"文件"|"新建"|"模板中的页"菜单命令，在弹出的"新建文档"对话框中选择站点中的模板，单击"创建"按钮，如图 6.16 所示，就生成了基于"moban.dwt"模板文件的网页。

图 6.16　"新建"|"模板中的页"

（2）先新建一个普通网页文档，再从"模板"面板中拖一个模板到该文档中。

（3）先新建一个普通网页文档，再从"模板"面板中选定一个模板，单击右键，在弹出的快捷菜单中选择"套用"命令，如图 6.17 所示。

（4）先新建一个普通网页文档，选择"修改"|"模板"|"应用模板到页—"菜单命令，在弹出的"选择模板"对话框中，如图 6.18 所示，选择站点中的模板，单击"选定"按钮。

图6.17　"模板"面板|单击右键"套用"　　　　　**图6.18　"选择模板"对话框**

使用上述方法中的任意一种均可创建基于模板的文档,创建完成后在文档窗口的右上角会显示模板文件的名字,如图6.19所示。

图6.19　基于模板的文档

新建好基于模板网站的网页后,在可编辑区域中输入相关网页的主要内容,即可完成该网页的制作,具体操作如下:

(1)生成基于模板的网页,默认名字为"Untitled-1",即没有保存,由模板生成网页后,首先要做的事情就是将新生成的网页保存至站点目录中,如生成的是"关于我们"子页,可取名为"aboutus. html"。

(2)将网页的标题内容更改为"关于我们",如图6.20所示。

图6.20　"关于我们"子页中标题的设置

(3)仔细观察基于模板的网页文档会发现,除了添加可编辑区域的地方可以进行操作,其他地方都是禁止操作的,由于模板只设置了一个可编辑区域("content"),因此只需要在此区域插入子页效果图中相应的图片及文本即可,如图6.21所示。

图6.21　"关于我们"子页主要内容

提示:进入子页制作阶段,可以根据实际情况对原先的子页效果图进行修改,不必严格对照制作。

(4) 由于在创建的模板文件中已包含了 efp. css 中所有样式规则,而子页又是由模板文件生成的,故子页中也包含了所有 CSS 样式规则,这一点从"关于我们"子页 head 部分的代码(如图 6.22 所示)中可以看出。因此,子页中可以继续使用 efp. css 中已有的规则来设置网页元素的格式。

```
<head>
<meta http-equiv="Content-Type" content="text/html;charset=UTF-8" />
<title>关于我们</title>
<link rel="stylesheet" type="text/css" href="css/efp.css">
<script type="text/javascript" src="scripts/jquery-1.7.1.js"></script>
<script type="text/javascript" src="scripts/efp.js"></script>
</head>
```

图 6.22 "关于我们"子页 head 部分的代码

(5) 制作完成后对网页进行保存(如图 6.23 所示),保存后的文件选项卡右上角的"*"号会自动消失。

(6) 重复前面"实现过程"中的第(1)步到第(4)步,完成"联系我们"contactus. html 与"服务条款"service. html 等子页的制作。

2) 将页面从模板中分离

在应用了模板的文档中,只有可编辑区域的内容才可以修改,如果要在此文档中对页面的锁定区域进行修改,必须先把页面从模板中分离出来。选择"修改"|"模板""从模板中分离"菜单命令后,该页面就与套用的模板无关,变为普通页面,可以在任何区域进行修改。

图 6.23 未保存的子页面 aboutus. html

3) 修改模板文件

如果在编辑子页的过程中发现固定区域存在问题,就需要在"模板"面板中选定需要修改的模板。单击"编辑"按钮或双击模板名称打开模板,在"文档"窗口中进行编辑,完成后保存,保存后可选择是否更新已应用模板的文档,具体操作如下。

(1) 打开模板文件(moban. dwt),然后对需要修改区域进行编辑。

(2) 保存修改后的模板文件,在弹出的对话框中单击"更新"按钮(如图 6.24 所示),这样由此模板文件生成的所有网页将自动更新。

(3) 更新完成后会弹出"更新页面"窗口,在"显示记录"部分可以看到"完成"字样,确认无误后,单击"关闭"按钮(如图 6.25 所示)。

图 6.24 "更新模板文件"对话框

图 6.25 "更新页面"窗口 1

提示：如果由模板页生成的网页有很多，可以使用"文件"菜单中的"保存全部"命令来一步完成保存工作。

4）更新站点中使用模板的文档

如没有在保存模板文件时单击"更新"按钮，或系统出现其他情况，仍然可以使用"修改"|"模板"|"更新页面"菜单命令，来对基于模板的文档进行更新，如图 6.26 所示。

图 6.26 "更新页面"窗口 2

除此之外，也可以使用"修改"|"更新当前页"菜单命令，只更新当前页面。

【归纳总结】

Dreamweaver 中模板的功能就是把网页布局和内容分离，在布局设计好之后将其存储为模板，这样相同布局的页面可以通过模板创建，因此能够极大地提高工作效率，并有利于团队合作。运用模板对网站定期更新和改版可以起到事半功倍的效果。

本任务要求读者学会创建模板、定义模板的可编辑区域及模板的应用。

【项目训练】

根据策划书中的规划，先根据子页的相同布局生成模板文件，然后使用统一的模板文件生成网站中具有相同布局的子页，再根据每个网页上的具体内容进行子页制作，并进一步完善由模板生成的网页。

 # 6.2 添加多媒体元素

【项目引入】

如今的网站呈现出多元化的趋势，仅仅是文本和图片已不能满足人们的需求，很多的多媒体元素如视频、音频等也在网页制作中占有了一席之地。在 Dreamweaver 中可以将一些媒体文件插入到网页中,如 Flash 和 Shockwave 影片、JavaAPPLET、Activex 控件及各种格式的音频文件等。

　　Dreamweaver 被认为是最好的网页编辑软件的最大理由是因为它拥有无限扩展性,它有着类似 Photoshop 滤镜概念的插件。插件可以用于拓展 Dreamweaver 的功能,可以从外部下载插件后安装到 Dreamweaver 中使用。通过这种方式,可以使初学者轻松制作出需要用复杂的 JavaScript 或样式表来实现的效果。

【项目实施】

6.2.1　插入多媒体元素

1) 网页中插入声音

　　声音能极好地烘托网页页面的氛围,网页中常见的声音格式有 WAV、MP3、MIDI、AIF、RA 或 RealAudio 格式。

　　(1) 背景音乐的添加

　　在页面中可以嵌入背景音乐。这种音乐多以 MP3、MIDI 文件为主,在 Dreamweaver 中,添加背景音乐有两种方法,一种是通过手写代码实现,还有一种是通过插件实现。以在"aboutus. html"页面中加入背景音乐为例。

　　① 通过"代码"实现

　　在 HTML5 语言中,通过<bgsound>这个标签可以嵌入多种格式的音乐文件,具体步骤如下:

　　a. 在站点文件夹"iezhan"中新建 media 文件夹,并将准备好的背景音乐文件存放在 media 文件夹里。

　　b. 打开需要添加背景音乐的网页"aboutus. html",切换到"拆分"视图,将光标定位到可编辑区域结束标签<! ――InstanceEndEditable――>之前。

　　c. 在光标的位置写下面这段代码,如图 6.27 所示。

```
<bgsound src="media/mid491. mid"/>
```

```
<p>山东水利职业学院作为省属公办全日制普通高校,是以水利为特色,工科为优势的综合性院校,具有近60年职业教育办学历史。学院始终坚持
"以人为本",以水为魂"的办学理念,秉承"上善若水"的品格,融汇"海纳百川"的胸怀,专注力谋发展,打造核心竞争力,是全国首批水利高等职业教育
示范院校、山东省批批能型人才培养特色名校、山东省高校就业工作优秀院校和山东省德育工作优秀品校、先后荣获"全国水利行业技能人才培育突出
贡献奖"、"全国职业院校魅力校园"、"全国水利职工教育先进集体"、"山东省文明校园"、"山东省高校体育优秀单位"等荣誉。</p>
</div></div>
　　<div></div>
　　<div align="center"><embed  src="media/mid491.mid" width="500" height="45" autostart="true" loop="true"></embed></div><!--
InstanceEndEditable --></div>
</div>
```

图 6.27　插入背景音乐的代码

　　提示:如果希望循环播放音乐,则将刚才的源代码修改为以下代码即可:<bgsound src="media/mid491. mid"loop="true">。

　　② 通过"插件"实现

　　使用"插件"的方法,可以将声音直接插入到网页中,但只有浏览者在浏览网页时具有所选声音文件的适当插件后,声音才可以播放。如果希望在页面显示播放器的外观,则可以使用这种方法。具体步骤如下:

　　a. 打开网页(aboutus. html),将光标放置在想要显示播放器的位置,如可编辑区域中文字的下方。

b. 单击"常用"插入栏中的"媒体"按钮,从下拉列表中选择"插件"命令,如图6.28所示。

c. 弹出"选择文件"对话框,如图6.29所示,在对话框中选择相应的音频文件。

图6.28 "媒体"|"插件"　　　　图6.29 "选择文件"对话框

d. 单击"确定"按钮后,插入的插件在"文档"窗口中以图6.30所示图标来显示。

e. 选中该图标,在属性面板中对播放器的属性进行设置,如宽设为500、高设为45,如图6.31所示,以便在浏览器窗口中能显示出完整的播放器。

图6.30 "文档"窗口中的插件图标

图6.31 "插件"的属性面板

f. 要实现循环播放音乐的效果,单击属性面板中的"参数"按钮,然后单击"＋"按钮,在"参数"列中输入loop,并在"值"列中输入true,如要实现自动播放,可以继续编辑参数,在参数对话框的"参数"列中输入autostart,并在值中输入true,单击"确定"按钮,如图6.32所示。

图6.32 "插件"的参数设置

g. 打开浏览器预览,在浏览器中就会显示播放插件,实现了页面中插入音乐的效果,如图6.33所示。

图6.33 浏览器中的预览效果

提示:如果希望不显示插件,只需将宽和高均设为 0 即可。

(2)视频的添加

在 Dreamweaver 中使用视频多媒体文件也是通过插入插件来实现的。需要先插入插件图标后,再选择需要的媒体文件,具体操作方法与上面使用插件实现插入音频一样,不再重复。

插入媒体文件时需要插件的原因是因为浏览器本身不能播放网页中插入的音频和视频,所以只能通过应用程序帮助播放。

(3)JavaAPPLET

在互联网上可以看到,有些网页虽然不是 Flash 效果,但是图像或文本会以特殊方式发生变化,这些效果是使用 JavaAPPLET 表现出来的。以文字渐隐滚动效果为例,具体操作步骤如下:

① 在要插入滚动文本的 DIV 中插入 APPLET,如图 6.34 所示,选择 *.class 文件。

② 设定 APPLET 图标的大小,即滚动文字的范围。

③ 切换到代码界面,修改属性<parmname>部分的代码。

④ 通过更改参数可以设定文本的颜色、内容、速度等。

使用 APPLET 后页面的预览效果如图 6.35 所示。

图 6.34 "媒体"|"APPLET"　　图 6.35 使用 APPLET 后的预览效果

2)使用标签<marquee></marquee>实现滚动字幕

(1)代码格式

<marguee>这里是你想要滚动的文字</marguee>。

注解:<marguee></marguee>是一对控制文字滚动的代码,放在它们之间的文字显示出来的效果就是从右到左移动的。代码中间的字可以换成自己想要的字。

(2)参数详解

① scrollAmount,表示速度,值越大速度越快。默认值为 6,建议设为 1~3 比较好。

② width 和 height 表示滚动区域的大小,width 是宽度,height 是高度。特别是在垂直滚动时,一定要设 height 的值。

③ direction,表示滚动的方向,默认为从右向左:←←←。可选的值有 right、down、up。滚动方向分别为:right 表示→→→,up 表示↑,down 表示↓。

④ behavior,用来控制属性,默认为循环滚动,可选的值有 altenate(交替滚动)、slide(幻灯片效果,指的是滚动一次,然后停止滚动)。

⑤ onmouseover＝"stop()",鼠标经过状态时停止滚动;onmouseout＝"start()",鼠标移出状态滚动。

提示:图片也可以滚动,与文本类似,也是使用标＜marquee＞＜K/marquee＞来实现。

6.2.2　应用行为

一般说来,动态网页是通过 JavaScript 或基于 JavaScript 的 HTML5 代码来实现的。包含 JavaScript 脚本的网页,还能够实现用户与页面的简单交互。但是编写脚本既复杂又专业,需要专门学习,而 Dreamweaver 提供的"行为"机制,虽然行为也是基于 JavaScript 来实现动态网页和交互的,但却不需书写任何代码。在可视化环境中按几个按钮,填几个选项就可以实现丰富的动态页面效果,实现人与页面的简单交互。"行为"是实现网页上交互的一种捷径。

1)行为的概念

行为是用来动态响应用户操作、改变当前页面效果或是执行特定任务的一种方法。行为是由对象、事件和动作构成的。例如,当用户把鼠标移动至对象上(称为事件),这个对象会发生预定义的变化(称为动作)。

(1) 对象

对象是产生行为的主体。网页中的很多元素都可以称为对象,如整个 HTML5 文档、图像、文本、多媒体文件、表单元素等。

(2) 事件

事件是触发动态效果的条件。在 Dreamweaver 中可以将事件分为不同的种类,有的与鼠标有关,有的与键盘有关,如鼠标单击、键盘某个键按下。有的事件还和网页相关,如网页下载完毕、网页切换等。

(3) 动作

动作是最终产生的动态效果。动态效果可以是图片的翻转、链接的改变、声音的播放等。用户可以为每个事件指定多个动作。动作按照其在"行为"面板列表中的顺序依次发生。

2)"行为"面板

在 Dreamweaver 中,对行为的添加和控制主要通过"行为"面板来实现,选择菜单栏中的"窗口"|"行为"命令或按＜Shift＋F4＞组合键,打开行为面板,如图 6.36 所示。

在行为面板上可以进行如下操作:

(1) 单击"＋"按钮,打开动作菜单,添加行为,如图 6.37 所示。

(2) 单击"－"按钮,删除行为。

(3) 单击事件列右方的三角符号,打开事件菜单,可以选择事件。

(4) 单击"向上"箭头或"向下"箭头,可将动作项向前移或向后移,改变动作执行的顺序。

图 6.36 "行为"面板　　　　图 6.37 添加行为

3) 行为的创建

一般创建行为有 3 个步骤:选择对象、添加动作、调整事件。创建行为可以使用 Dream-weaver 内置的行为,也可以下载安装扩展行为。

(1) 使用 Dreamweaver 内置的行为

Dreamweaver 内置了 20 多种行为,如弹出信息、打开浏览器窗口、播放声音等。使用这些内置的行为,可以轻松实现各种效果,使网页更具交互性。

(2) 下载并安装扩展行为

① 插件的概念

插件(Extension)也称为扩展,是用来扩展 Dreamweaver 产品功能的文件。Macromedia Extension Package(MXP)文件是用来封装插件的包,可以简单地把它看成是一个压缩文件。除了封装扩展文件以外,还可以将插件相关文档和一系列演示文件都装到里面。

② 插件管理器

插件管理器(Extension Manager)就是用来解压插件包的软件。选择"文件"|"安装扩展"菜单命令,在"选取要安装的扩展"对话框中,选择 ∗.mxp 文件,单击"打开"按钮,插件管理器将根据 MXP 里的信息自动选择安装到相应的软件和目录中。

③ 插件的种类

Dreamweaver 中的插件主要有 3 种:命令(Command)、对象(Object)、行为(Behavior)。命令可以用于在网页编辑时实现一定的功能,如设置表格的样式。对象用于在网页中插入元素,如在网页中插入图片或者视频。行为主要用于在网页上实现动态的交互功能,如单击图片后,弹出窗口。

6.2.3 运用 JavaScript 实现 Banner 效果

JavaScript 是一种广泛用于客户端 Web 开发的脚本语言,常用来给 HTML 网页添加动态功能,如响应用户的各种操作。它最初由网景公司的 Brendan Eich 设计,是一种动态、弱类型、基于原型的语言,内置支持类。

下面看一下首页中利用 JavaScript 如何实现 banner 效果。

(1) 打开首页文件"index. html",切换到"代码"编辑界面。

(2) 在"会员登录"对应的 DIV 层前,输入如下代码:

```
//创建一个 banner 效果对应的 div 层
<div>
<ul>
<li><a href="#"></a></li>
<li><a href="#"></a></li>
<li><a href="#"></a></li>
<li><a href="#"></a></li>
</ul>
<p></p>
</div>
```

(3) 为该图层设计 CSS 样式,实现设计 banner 的大小、每个列表项中对应的背景图片等,具体代码如下所示:

```
. banner { width: 100%; height: 400px; position: relative;}
. banner_list { width: 100%; height: 400px; overflow: hidden;position: relative;}
. banner_list li { width: 100%; height: 400px; left: 0px; top: 0px;}
. banner_list . banner_pic0 {background: #fa8a38 url(.. /images/banner_pic0. jpg) no—repeat 20% 0 ;}
. banner_list . banner_pic1 {background: #529dde url(.. /images/banner_pic1. jpg) no—repeat 15% 0;}
. banner_list . banner_pic2 {background: #da7998 url(.. /images/banner_pic2. jpg) no—repeat 20% 0;}
. banner_list . banner_pic3 {background: #66d0cc url(.. /images/banner_pic3. jpg) no—repeat 15% 0;}
. banner_list a {display:block;width: 100%; height: 400px;}
. banner_page { width: 100%; position: absolute; bottom: 15px; left: 0px; z—index: 11;}
. banner_page span { width: 24px; height: 8px; overflow: hidden; display: inline—block; margin—left: 8px; cursor: pointer; background: url(.. /images/banner_icon. gif) 0 0 no—repeat;}
. banner_page span. cur { background: #fff; cursor: auto;}
```

(4) 将设计的 CSS 类样式应用到 banner 图层中,具体代码如下所示:

```
<div class="banner">
    <ul class="banner_list">
        <li class="banner_pic0"><a href="http://www. siit. cn"></a></li>
        <li class="banner_pic1"><a href=""></a></li>
        <li class="banner_pic2"><a href=""></a></li>
        <li class="banner_pic3"><a href=""></a></li>
    </ul>
    <p class="banner_page tc"></p>
```

</div>

（5）运用 JavaScript，由于 JavaScript 代码的编写需要一定的基础，此处给的 JavaScript 代码（script 文件夹下的 efp. js 脚本文件），我们只需要将此代码应用到首页中，即可看到动态的 banner 效果了。在 <head></head> 标签中输入如下代码：

<script type="text/javascript"src="scripts/efp. js"></script>

【归纳总结】

制作多媒体动态效果网页需要同组成员共同出谋划策，相互协作，设计出符合客户要求的方案，并且最终需要通过客户的审核才能敲定。

【项目训练】

根据策划书中定好的网页的多媒体效果，制订草案。小组讨论草案得出最终方案。根据最终方案进行分工，每人完成一部分页面的制作，最后进行整合。交给客户审核，并根据客户的需求进行修改。

6.3 小 结

项目 6 主要介绍了如何在 Dreamweaver 软件中创建编辑网页模板，如何使用模板创建子页面，如何更新修改页面。如何使用插件、JavaScript 等为网页添加多媒体效果，最终完成整个网站的制作。

完成了项目 6 的学习后，主题实践网站的静态部分就全部完成了，该静态网站就可以试运行了，还可以将此静态网站上传至互联网的空间上，以便客户初步检验。

6.4 技能训练

【操作要求】

（1）建立并设置本地根文件夹

新建本地根文件夹，命名为 root。

（2）定义站点

设置站点的本地信息：站点的名称为"数码产品"；将本地根文件夹指定为 root 文件，将网页素材文件夹 J6—4 中的素材复制到该文件中。

（3）创建并设置模板

创建模板：将 root\J6—4. html 文件另存为模板，保存在 root 文件夹中，命名为 J6—4. dwt。

设置模板：参照图 6.38 样图 A，将 J6—4. dwt 模板中的可编辑区域分别命名为 Edit-Region1—EditRegion3。

图 6.38 样图 A

（4）用模板生成页面

用模板新建页面：用 J6—4.dwt 模板新建页面，命名为 J6—4A.html，保存在 root 文件夹中。修改模板的可编辑区域，将页面中可编辑区域单元格中的内容删除，完成 J6—4A.html 页面内容。

Web 网站系统制作完成以后,并不能直接投入运行,而必须进行全面、完整的测试,包括本地测试、网络测试等多个环节。测试完成以后,设计开发人员必须为 Web 网站系统准备或申请充足的空间资源,以便 Web 网站系统能够发布到该空间中去进行运作。而且,为了保证 Web 网站系统的正常运行和有效工作,发布后通过开发方对自己站点的严格测试及委托方的测试验收,才能更快、更好地发现其中隐藏的问题,对其不断进行改进和完善,网站才能不断优化并得到客户的肯定。

7.1 常见 IE 中 BUG 及其修复方法

【项目引入】

在制作网站的过程中,浏览器兼容问题是我们必须重点关注的一个问题。所谓的浏览器兼容性问题,是指因为不同的浏览器对同一段代码有不同的解析,造成页面显示效果不统一的情况。在大多数情况下,我们的需求是:无论用户用什么浏览器来查看我们的网站或者登录我们的系统,都应该是统一的显示效果。所以浏览器的兼容性问题是前端开发人员经常会碰到和必须要解决的问题。

【项目实施】

 ### 7.1.1 浏览器兼容性问题之目标不居中

1) 文字的程度居中

将一段文字置于容器的程度中点,只要设置 text-align 属性即可:text-align:center;

2) 容器的程度居中

先为容器定义一个宽度,然后再定义容器 margin 的属性即可:

```
div#container {
width:760px;
margin:0 auto;
}
```

3）文字的垂直居中

如果文字是单行，只需将单行文字的行间距设置成容器的高度就可以了，如：

<div id="container">单行文字垂直居中</div>

然后 CSS：

div＃container｛height：35px；line－height：35px；｝

当然如果是多行文字，只需将文字的行间距设置成文字的 1/n，如：

<div id="container">
多行文字垂直居中
多行文字垂直居中
</div>

然后 CSS：

div＃container｛height：40px；line－height：20px；｝

4）容器的垂直居中

如有两个容器，怎样才能将一个容器放在另一个容器中垂直居中呢？

<div id="two">
<div id="one">
</div>
</div>

将 two 容器定位为 relative。

div＃two｛
position：relative；
height：480px；
｝

然后，将小容器定位为 absolute，再将它的左上角沿 y 轴下移 50%，最后将它的 margin－top 上移本身高度的 50%即可。

div＃one｛
position：absolute；
top：50%；
height：240px；
margin－top：－120px；
｝

7.1.2 浏览器兼容性问题之 UL 在 Firefox 和 IE 下表现不同

UL 在 Firefox 下有个 padding 值，却没有 margin 值；而在 IE 下正好相反，UL 有个 margin 值，却没有 padding 值。在 Firefox 下，UL 的 list-style 默认是处于内容的外边缘的。

当然可以通过 CSS 将 list-style 置为内容的内边缘。通过分析可以将 UL 设置为：padding：0；margin：0；list-style：inside；还可以将 UL 设置为 padding：0；margin：0；list-style：none；这样就可以解决 UL 在 Firefox 和 IE 下表现不同的问题。

7.1.3 浏览器兼容性问题之 min－height 的不兼容问题

最小高度 min－height 是个很有用的属性，它可以让很短的内容也有一个很合适的高度，使页面显得美观。但是在各大浏览器中却出现了不同的情况。这里分析解决这个问题。如：

```
hezi {
    background：#ccc；
    min－height：100px；/* 高度最小值设置为：100px */
    height：auto! important；/* 兼容 FF,IE7 也支持！important 标签 */
    height：100px；/* 兼容 IE6 */
    overflow：visible；
}
```

（1）由于 IE6 对！important 的解释存在 Bug，所以它能识别的高度最大值为 height：500 px，超过 500 px 后，IE6 自身会增加盒子的高度；

（2）IE7 和其他标准浏览器能识别后 3 句，虽然定义 height：500 px，但我们又有了 height：auto！important，所以超过 500 px 也能自动增加盒子的高度。

7.1.4 浏览器兼容性问题之图片 img 之间默认有间距

有时在排列图片时，图片之间会有一个默认的间距导致图片在不同的浏览器中出现不同的排列问题，如果用 margin 属性强制调整图片的间距可能会出现更多的兼容性问题。这里就建议使用 float 属性对图片进行排版。如：

```
img{float：left；}
```

7.1.5 浏览器兼容性问题之 IE6 下 margin 的双倍间距

在 DIV＋CSS 的布局中，IE6 下的两个 DIV 之间会出现双倍间距。这种情况通常出现在 DIV 使用 float 属性排版的情况下。如：

```
<div style="float：left；margin－left：10px；"></div>
```

当一个 CSS 样式同时设置了 float 和 margin 的属性时，在 IE7＋及火狐浏览器上，该元素显示正常。但是在 IE6 下，将会出现双倍的 margin－left 属性值，也就是上面那段代码中的 DIV 在 IE6 下的实际 margin-left 的值是 20px；解决此办法的最简单的方法是，在 style 中添加：display：inline；如上面的代码将改为：

```
<div style="float：left；display：inline；margin－left：10px；"></div>
```

7.1.6 浏览器兼容性问题之 DIV 浮动 IE 文本产生 3 像素的 Bug

左边对象浮动，右边采用外补丁的左边距来定位，右边对象内的文本会离左边有 3 px

的间距。

```
＃box｛ float：left； width：800px；｝
＃left｛ float：left； width：50％；｝
＃right｛ width：50％；｝
＃html ＃left｛ margin－right：－3px； //这句是关键｝
＜div id＝"box"＞
＜div id＝"left"＞＜/div＞
＜div id＝"right"＞＜/div＞
＜/div＞
```

7.1.7　浏览器兼容性问题之页面的最小宽度

min-width 是个非常方便的 CSS 命令，它可以指定元素最小值不能小于某个宽度，这样就能保证排版一致。但 IE 不识别，它实际上把 width 当作最小宽度。为了让这一命令在 IE 上也能用，可以把一个＜div＞放到＜body＞标签下，然后为 DIV 指定一个类。CSS 可以这样设计：

```
＃container｛
min－width：600px；
width：shy；expression(document. body. clientWidth＜600?"600px"："auto")；｝
```

第一个 min－width 是正常的；但第二行的 width 使用了 Javascript，这只有 IE 才认得，这也会让你的 HTML 文档不太正规。它实际上是通过 Javascript 的判断来实现最小宽度。

7.1.8　浏览器兼容性问题之清除浮动

清理浮动有很多种方式，比如使用 br 标签自带的 clear 属性，使用元素的 overflow，使用空标签来设置 clear：both 等。但考虑到兼容性问题和语义化的问题，一般我们都会使用如下代码来清理浮动。

```
/* 清理浮动 */
. clearfix：after ｛
visibility：hidden；
display：block；
font－size：0；
content：""；
clear：both；
height：0；
｝
. clearfix ｛
zoom：1；
｝
```

其原理是，在"高级"浏览器中使用"：after"伪类，在浮动块后面加上一个非"display：none"的不可见块状内容，并给它设置"clear：both"来清理浮动。在 IE6 和 IE7 中给浮动块添加 haslayout 来让浮动块撑高并正常影响文档流。

上面的代码是目前主流的清理浮动方式,支付宝就使用这样的方式。而现在,Nicolas Gallagher 给出了一个更简洁的方案:

```
1    . cf:before, . cf:after {
2        content:"";
3        display:table;
4    }
5    . cf:after {
6        clear:both;
7    }
8    . cf {
9        zoom:1;
0    }
```

原理是一样的,使用:after 伪类来提供浮动块后的"clear:both"。不同的是,隐藏这个空白使用的是"display:table",而不是设置"visibility:hidden""height:0""font-size:0"这样的 hack。

值得注意的是,这里的":before"伪类,其实是用来处理 top-margin 边折叠的,跟清理浮动没有多大的关系。但因为浮动会创建 block formatting context,浮动元素上的另外一元素上如果刚好有 margin-bottom,而这个浮动元素刚好有 margin-top 的话,应该让他们不折叠(虽然这种情况并不常见)。

当然,最简单的清除浮动的办法还是设置一个空标签,如:. clear{clear:both;}。

7.1.9　浏览器兼容性问题之:高度不适应

1) 额外标签法

这种方法就是向父容器的末尾再插入一个额外的标签,并令其清除浮动(clear)以撑大父容器。这种方法浏览器兼容性好,没有什么问题,缺点就是需要额外的(而且通常是无语义的)标签。

或者使用

<br style="clear:both;"/>

2) 使用 after 伪类

这种方法就是对父容器使用 after 伪类和内容声明,在指定的现在内容末尾添加新的内容。经常的做法就是添加一个"点",因为它比较小不太引人注意。然后我们再利用它来清除浮动(闭合浮动元素),并隐藏这个内容。

这种方法兼容性一般,但经过各种 hack 也可以应付不同浏览器,同时又可以保证 HTML比较干净,所以用得还是比较多的。

#outer:after{

```
    content:". ";
    height:0;
    visibility:hidden;
    display:block;
    clear:both;
}
```

3）设置 overflow 为 hidden 或者 auto（IE8 常见内部浮动外部高度不适应解决方法）

这种做法就是将父容器的 overflow 设为 hidden 或 auto 就可以在标准兼容浏览器中闭合浮动元素。不过使用 overflow 的时候，可能会给页面表现带来影响，而且这种影响是不确定的，最好是能在多个浏览器上测试页面。

4）浮动外部元素，float-in-float

这种做法就是让父容器也浮动，这利用了浮动元素的一个特性——浮动元素会闭合浮动元素。这种方式在 IE/Win 和标准兼容浏览器中都有较好的效果，但缺点也很明显——父容器未必想浮动就浮动得了，毕竟浮动是一种比较特殊的行为，有时布局不允许其浮动也很正常。

【归纳总结】

在网站的设计和制作中，做好浏览器兼容，才能够让网站在不同的浏览器下都正常显示。但是因为不同浏览器使用内核及所支持的网页语言标准不同，以及用户客户端的环境不同（如分辨率不同）造成的显示效果不能达到理想效果。最常见的问题就是网页元素位置混乱、错位。

目前暂没有统一能解决这样问题的工具，最普遍的解决办法就是不断地在各浏览器间调试网页显示效果，通过对 CSS 样式控制及通过脚本判断并赋予不同浏览器的解析标准。

【项目训练】

请检测项目网站的兼容性，并对其中出现的漏洞进行修复。

7.2　站点的测试与调试

【项目引入】

对网站进行测试是保证整体项目质量的重要环节。对网站的测试包括功能测试、性能测试、安全性测试、稳定性测试、浏览器兼容性测试、可用性/易用性测试、链接测试、代码合法性测试等，而目前需要进行的是最基本的测试。Dreamweaver CS5 中提供了一种快速有效的站点测试功能，通过在本地进行测试调试，可以防止因手工检查出现疏漏而导致的错误网页，以提高工作效率。

【项目实施】

7.2.1　检查站点范围的链接

通过"检查站点范围的链接"功能，查找本地站点的一部分或整个站点中"断开的链接"。

但需要注意的是,Dreamweaver 检查的只是在站点之内对文件的链接,同时会生成一个选定文件的外部链接列表,但并不会检查这些外部链接。

以"我的酷站"为例,"检查站点范围的链接"的操作步骤如下。

(1)选择"站点"|"检查站点范围的链接"菜单命令,这时会自动打开"结果"面板中的"链接检查器"选项卡,并列出"断掉的链接"的文件及链接的目标文件。

(2)通过选择"断掉的链接"下拉列表框中的其他选择,还可以显示"外部链接"和"孤立的文件",如图 7.1 所示。

图 7.1 显示"外部链接"和"孤立的文件"

(3)单击按钮还能检查不同的内容,然后根据报告做出相应的更改即可,如图 7.2 所示。

图 7.2 其他检查

7.2.2 改变站点范围的链接

要想改变众多网页链接中的一个,则会涉及很多文件,因为链接是相互的。如果改变了其中的一个,其他网页中有关该网页的链接也要改变。如果一个一个地更改显然是一件非常烦琐的事情。利用 Dreamweaver 的"改变站点范围的链接"功能则可快速无误地改变所有链接。

以"我的酷站"为例,"改变站点范围的链接"的操作步骤如下。

(1)选择"站点"|"改变整个站点范围链接"菜单命令,在弹出的"更改整个站点链接"对话框中选择要更改的链接文件及要改为的新链接文件,如图 7.3 所示。

图7.3 "更改整个站点链接"对话框

（2）单击"确定"按钮，系统弹出一个"更新文件"对话框。对话框中将列出所有与此链接有关的文件，单击"更新"按钮即可完成更新。

7.2.3 清理 HTML

在制作完成之后，还应该清理文档，将一些多余无用的标签去除，也就是给网页"减肥"，使网页可以更好、更快地被浏览者访问，最大限度地减少错误的发生。

以"我的酷站"为例，"清理 HTML"的操作步骤如下。

（1）选择"命令"|"清理 XHTML"菜单命令，打开"清理 HTML/XHTML"对话框。

（2）勾选"移除"栏目中的"空标签区块"和"多余的嵌套标签"复选框，勾选"选项"栏目中的"尽可能合并嵌套的＜font＞标签"和"完成后显示记录"复选框，如图7.4所示。

图7.4 "清理 HTML/XHTML"对话框

（3）单击"确定"按钮，完成清理操作。

7.2.4 清理 Word 生成的 HTML

很多人习惯使用微软的 Word 编辑文档，当将这些文档复制到 Dreamweaver 中之后也同时加入了 Word 的标记，所以在网页发布前应当先予以清除。

以"我的酷站"为例，清理 Word 生成的 HTML 的操作步骤如下。

（1）选择"命令"|"清理 Word 生成的 HTML"菜单命令，打开"清理 Word 生成的 HT-ML"对话框，如图7.5所示。

（2）在"基本"标签中选择 Word 版本号，并根据需要勾选其他复选框。

图 7.5　"清理 Word 生成的 HTML"对话框

(3) 单击"详细"标签,勾选所需要的选项,单击"确定"按钮开始清理,完成之后会弹出信息框给出清理结果。

7.2.5　同步

同步是在本地计算机和远程计算机对两端的文件进行比较,不管哪一端的文件或文件夹发生变化,同步功能都能将变化反映出来,便于作者决定上传或者下载。同步功能避免了许多盲目性,在网页维护中尤为重要。

以"我的酷站"为例,"同步"的操作步骤如下。

(1) 展开站点管理器,并与远端主机建立 FTP 联机。

(2) 选择"站点"|"同步站点范围"菜单命令,弹出"同步文件"对话框,如图 7.6 所示。

图 7.6　"同步文件"对话框

(3) 单击"预览"按钮,可在"远端站点"中看到整个发布网站的文件列表。

7.2.6　站点测试指南

(1) 确保页面在目标浏览器中能够如预期的那样工作,并确保这些页面在其他浏览器中工作正常,或者"明确地拒绝工作"。

(2) 页面在不支持样式、层、插件或 JavaScript 的浏览器中应清晰可读且功能正常。

对于在较早版本的浏览器中根本无法运行的页面,应考虑使用"检查浏览器"行为,自动将访问者重新定向到其他页面。

(3) 应尽可能多地在不同的浏览器和平台上预览页面。这样就有机会查看布局、颜色、字体大小和默认浏览器窗口大小等方面的区别,这些区别在目标浏览器检查中是无法预见的。

(4) 检查站点是否有断开的链接,并修复断开的链接。由于其他站点也在重新设计、重新组织,所以网站中链接的页面可能已被移动或删除。可运行链接检查报告对链接进行测试。

（5）监测页面的文件大小及下载这些页面所用的时间。

（6）运行一些站点报告来测试并解决整个站点的问题。检查整个站点是否存在问题，例如无标题文档、空标签及冗余的嵌套标签等。

（7）检查代码中是否存在标签或语法错误。在完成对大部分站点的大部分发布以后，应继续对站点进行更新和维护。

【归纳总结】

通过进行站点测试及生成的测试报告可检查出可合并的嵌套字体标签、辅助功能、遗漏的替换文本、冗余的嵌套标签、可删除的空标签和无标题文档。

对于测试报告，可保存为 XML 文件，然后将其导入模板实例、数据库或电子表格中，再将其打印出来或显示在 Web 站点上，以便 Web 小组中各成员的查看和根据报告内容进行更新。

【项目训练】

根据策划书中定好的站点功能，逐个进行检查。小组讨论检查结果，商议解决办法，并生成网站测试报告。交给客户审核，并根据客户的需求进行修改。

7.3　网站的发布

【项目引入】

网页制作完成之后，就需要将所有的网页文件和文件夹及其中的所有内容上传到服务器上，这个过程就是网站的上传，即网页的发布。

【项目实施】

7.3.1　站点的上传

网页的上传有以下两种方式。

（1）通过 HTTP 方式将网页发布，这是很多免费空间经常采用的服务方式。用户只要登录到网站指定的管理页面，填写用户名和密码，就可以将网页文件一个一个地上传到服务器，这种方法虽然简单，但不能批量上传，必须首先在服务器建立相应的文件夹之后，才能上传，对于有较大文件和结构复杂的网站来说费时费力。

（2）使用 FTP 方式发布网页，其优点是用户可以使用专用的 FTP 软件成批地管理、上传、移动网页和文件夹，利用 FTP 的辅助功能还可以远程修改、替换或查找文件等。

下面以"我的酷站"为例来看一下文件的上传。

1）已有的 FTP 空间

下面给出的是 FTP 的相关信息，需要把这些信息记录好。

（1）FTP 的服务器地址：ftp:// 218.56.164.46。

（2）账号：administrator。

（3）密码：meiling。

2）FTP 工具软件——FileZilla

FileZilla（如图 7.7 所示）是一种快速、可信赖的 FTP 客户端及服务器端开放源代码程序。其可控性、有条理的界面和管理多站点的简

图 7.7　FileZilla 图标

化方式使得 FileZilla 客户端成为一个方便、高效的 FTP 客户端工具,而 FileZillaServer 则是一个小巧并且可靠的支持 FTP&SFTP 的 FTP 服务器软件。FileZilla 在 2002 年 11 月获选为当月最佳推荐专案。

打开 FileZilla,可以看到如图 7.8 所示的界面。

图 7.8　FileZilla 的操作界面

输入 FTP 地址、用户名和密码,如图 7.9 所示,单击"快速连接"按钮,出现"记住密码"对话框,选择"记住密码"|"确定"菜单命令,出现连接状态,当看到图 7.10 所示信息时,则表示连接成功。

图 7.9　输入 FTP 相关信息

图 7.10　连接成功

3) 发布网页

FTP 连接成功后,我们就可以开始发布网页了。

(1) 在本地站点中选择要上传的网站对应的文件夹(wodekuzhan),其下可以看到本文件夹中所包含的文件夹及文件。

（2）选中"wodekuzhan"文件夹并单击右键，在弹出的快捷菜单中选择"上传"命令，如图 7.11 所示。

图 7.11 上传本地站点

（3）完成后，可看到"文件上传成功"的提示，并且在服务器端可以看到上传的文件夹（wodekuzhan），选择该文件夹，可以看到本文件夹中的文件夹及文件。

7.3.2 申请空间

网站发布的第一步就是需要有空间用于存放网站文件，这个空间必须是服务器上的空间，所以我们必须先申请租用一个服务器空间。

可以直接到网上申请空间，空间有免费和收费之分。免费空间的空间较小、频带窄、易堵塞、多数需要义务性广告、随时会被取消服务等。所以在条件允许的情况下，可以申请收费空间。提供收费空间的网站很多，价格也比较合适。申请好网站空间后，接下来就可以将整个网站上传到服务器。

【归纳总结】

发布站点最主要的工作就是进行网页文件的上传，文件上传一般有两种方式：通过 HTTP 方式将网页发布和使用 FTP 方式发布网页。但不管是用哪种方式上传，要做的第一步工作都是去申请一个空间。

【项目训练】

根据策划书中的要求，申请空间，将站点上传。交给客户审核，并根据客户的需求进行修改。

 7.4 小 结

一个网站制作好后，在细节上肯定还有一些需要调整的地方，比如无效链接、脚本、Cookie 错误等，所以网站调试是一个不容忽视的环节。可以借助 Dreamweaver 中的站点管理器、浏览器等工具及小组分工测试等多种手段来完成这项工作。

项目 8　　网站宣传推广与维护

一个网站的建设包含网站资料的收集,网站风格、色调、总体版面的设计,背景音乐以及一些特效的运用等等。网站做好上传到网络上以后,是不是就没事了呢? 你有没有想过,做网站的目的是什么? 不就是为了让客户更快、更便捷地了解信息吗? 如果你不做宣传和维护,怎么谈访问量呢?

一个网站建设完成后,如果不做宣传,设计得再好,没有人访问,又有什么意义呢?

一个好的网站,不只是将其制作完成并发布就结束了。互联网的魅力很大程度上在于它能源源不断地提供最及时的信息。如果有一天我们登录门户网站,发现上面全是几年前的信息,到搜索引擎上搜索,只能查到几年前的资料,也许就再也没有人去登录这些门户网站和搜索引擎了。对于一个企业来说其发展状况是在不断变化的,网站的内容也就需要随之调整,给人以常新的感觉,该企业的网站才会更加吸引访问者,给访问者良好的印象。这就要求我们要对站点进行长期的、不间断的维护和更新。特别是在企业推出了新产品、有了新的服务项目内容,或者企业有大的动作或变更时,都应该把企业的现有状况及时地在其网站上反映出来,以便让客户和合作伙伴及时地了解它的详细状况,同时企业也可以及时得到相应的反馈信息,以便做出合理的处理。

下面就分别介绍如何进行网站的宣传推广和维护。

 ## 8.1　网站宣传推广

【项目引入】

网站宣传推广方式是网络营销计划的组成部分。制订网站推广计划本身也是一种网站的推广。推广计划不仅是网站推广的行动指南,同时也是检验推广效果是否达到预期目标的衡量标准,所以合理的网站推广方式也就成为网站推广计划中必不可少的内容。网站推广计划通常是在网站策略阶段就应该完成的,甚至可以在网站建设阶段就开始网站的“推广”工作。

【项目实施】

8.1.1　网站宣传推广方式

1）向搜索引擎登记网站

很多网站内容丰富，颇有创意，却鲜有来者，原因在于没有针对网站的宣传计划。虽说"酒好不怕巷子深"，但是也要能找到才可以。特别是在如今的网络年代，如果不做宣传，网上营销就很难成功，也就无法从中赢利了。

由于95％的网上用户是通过 Google、Baidu、Yahoo!、Tom. com、21CN、Altavista、Excite、Infoseek、Lycos 等搜索引擎来寻找他们所需要的信息的，因此这些搜索引擎是网站宣传中最重要的部分，在很大程度上决定了网站宣传的成败。

那么如何向搜索引擎登记网站呢？步骤如下：

（1）添加网页标题（title）。网页标题将出现在搜索结果页面的链接上，因此网页标题写得有吸引性才能让搜索者想去点击该链接。标题要简练，5～8 个字即可，要说明该页面、该网站最重要的内容是什么。

网页标题可以在 Dreamweaver 工作界面的标题中直接输入，可以在页面属性对话框中输入，也可以在网页代码中输入（在代码的＜head＞＜/head＞之间的＜title＞标签中输入）。

例如"我的酷站"中的 help. html 页面中为其设计的网页标题为"帮助信息"，具体在代码部分为：＜title＞帮助信息＜/title＞；或者在右上角的"标题"文字的右侧的文本框中输入"帮助信息"，即可完成对网页标题的添加或者修改，如图 8.1 所示。

图 8.1　help. html 页面中的网页标题和 meta 标签

（2）添加描述性 meta 标签。除了网页标题，不少搜索引擎会搜索到 meta 标签。这是一句说明性文字，描述网页正文的内容，句中要包含本页使用到的关键词、词组等。这段描述性文字放在网页代码的＜head＞＜/head＞之间，形式是＜meta name＝"keywords"content＝"描述性文字"＞＜meta name＝"description"content＝"描述性文字"＞。

（3）在网页的加粗文字中填上关键词。在网页中一般用加粗文字作为文章标题，所以搜索引擎很重视加粗文字，认为这是本页很重要的内容，因此，确保在一两个粗体文字标签中写上关键词，例如，如图 8.2 所示，在"我的酷站"的"名词解释"条目下的加粗文字也是本页面中的关键词。

图 8.2　help. html 页面中的加粗文字

（4）确保在正文第一段中就出现关键词。搜索引擎希望在页面第一段文字中就找到关键词，但也不能充斥过多关键词。Google 大概将全文每 100 个字中出现 1.5～2 个关键词视为最佳的关键词密度，可获得好排名。其他可考虑放置关键词的地方可以在代码的 alt 标签或 comment 标签里。

（5）导航设计要易于搜索引擎搜索。一些搜索引擎不支持框架结构与框架调用，框架不易被搜索引擎收录抓取。Google 可以检索使用网页框架结构的网站，但由于搜索引擎工作方式与一般的网页浏览器不同，因此会造成返回的结果与用户的需求不符，这是搜索引擎所要极力避免的，所以 Google 在收录网页框架结构的网站时还是有所保留的，这也是我们要慎用的框架。而用 JavaScript 和 Flash 制作的导航按钮看起来是很漂亮美观的，但搜索引擎找不到。当然可以通过在页面底部用常规 HTML 链接再做一个导航条，确保可以通过此导航条的链接进入网站每一页面。或做一个网站地图，也可以通过链接每一页面来补救。

例如，如图 8.3 所示，"我的酷站"的导航整体风格是统一的，以"help. html"页面为例是利用<div>和<ul>标签并配合 CSS 来实现的。

图 8.3　help. html 页面导航的实现

（6）向搜索引擎提交网页。在搜索引擎上找到"AddYouURL. "（网站登录）的链接。搜索 robot 将自动索引您提交的网页。美国最著名的搜索引擎是 Google、Inktomi、AltaVista 和 Tehomao，这些搜索引擎向其他主要搜索引擎和门户网站提供搜索内容。

(7) 调整重要内容页面以提高排名。将网站中最重要的页面做一些调整,以提高它们的排名。有一些软件可以检查该网站当前的排名,比较与网站关键词相同的竞争者的网页排名,还可以获知搜索引擎对网页的首选统计数据,从而对自己的页面进行调整。

提示:向搜索引擎登记网页时要注意如下几点:

(1) 严格遵守每个搜索引擎的规定。如 Yahoo! 规定网站描述不要超过 20 个字,那就千万不要超过 20 个字(包括标点符号)。

(2) 只向搜索引擎登记首页和最重要的 2～3 页,搜索程序会根据首页的链接读出其他页面并收录(建议第一次只登记首页)。

(3) 搜索引擎收录网页的时间从几天至几周不等。建议等待 1 个月后,输入域名中的 your name 查询。如果网站没有被收录,再次登记直至被收录为止。要注意在 1 个月内,千万不要频繁地重复登记网页,这也许会导致网页永远不会被收录。

2) 战略链接

仅次于向主要搜索引擎登录网站的重要网站宣传措施,即尽可能多地要求和公司网站内容相关的网站相链接。

(1) 逐一向建站前准备好的要链接的网站发 E-mail,要求这些网站能够链接该网站。

(2) 网站联盟。通过网站联盟就有了最基础的原始流量,可以快速地成长起来。

(3) 要不断地寻找链接伙伴,随时与好的站点相互链接。

3) 网站其他宣传方式

网站的宣传方式还有很多,重点是要找到适合的。

(1) 去论坛发帖推广。

(2) 加入网摘、图摘、论坛联盟、文字链。

(3) 流量交换。

(4) 友情链接。

(5) QQ 群宣传。

(6) 资源互换。

(7) 媒体炒作。

(8) 购买弹窗,包月广告。

(9) 加入网站之家。

8.1.2　网站宣传推广计划

制订网站推广计划本身也是一种网站的推广,至少应包含下列主要内容:

(1) 确定网站推广的阶段目标。如在发布后 1 年内实现每天独立访问用户数量、与竞争者相比的相对排名、在主要搜索引擎的表现、网站被链接的数量、注册用户数量等。

(2) 在网站发布运营的不同阶段所采取的网站推广方法。如果可能,最好详细列出各个阶段的具体网站推广方式,如登录搜索引擎的名称、网络广告的主要形式和媒体选择、需要投入的费用等。

(3) 网站推广方式的控制和效果评价。如阶段推广目标的控制、推广效果评价指标等。对网站推广方式的控制和评价是为了及时发现网络营销过程中的问题,保证网络营销活动的顺利进行。

下面以案例的形式来说明网站推广方式的主要内容。实际工作中由于每个网站的情况不同,并不一定要照搬这些步骤和方法,可作为一种参考。

案例:"我的酷站"的推广计划。

前提:网站推行筹的划是网络营销筹划的主要组成部分。制定网站推行筹划任务方案,是网站推行的第一步,网站推行筹划的任务方案不只是推行的举动指南,同时也是检验推行效果能否达到预期的权衡规范,所以,公道的网站任务推行筹划方案也就成为网站推行筹划中必不可少的方式。

实施:网站的第一个推广年度共分为 4 个阶段,每个阶段 3 个月左右,包括网站策划建设阶段、网站发布初期、网站增长期、网站稳定期。推广计划主要包括下列内容:

(1)网站推广方式:计划在网站发布 1 年后达到每天独立访问用户 2 000 人,注册用户10 000 人。

(2)网站策划建设阶段的推广:从网站正式发布前就开始推广准备,在网站建设过程中从网站结构、内容等方面对 Google、百度等搜索引擎进行优化设计。

(3)网站发布初期的基本推广手段:登录 10 个主要搜索引擎和分类目录(列出计划登录网站的名单),购买 2～3 个网络实名/通用网址,与部分合作伙伴建立网站链接。

(4)网站增长期的推广:当网站有一定访问量之后,为继续保持网站访问量的增长和品牌提升,在相关行业网站投放网络广告(包括计划投放广告的网站及栏目选择、广告形式等),与部分合作伙伴进行资源互换。

(5)网站稳定期的推广:推出一些网站运营的比赛,以吸引更多的这方面的爱好者。

(6)推广效果的评价:对主要网站推广措施的效果进行跟踪,必要时与专业网络顾问机构合作进行网络营销诊断,改进或者取消效果不佳的推广手段,在效果明显的推广策略上加大投入比重。

本案例仅仅笼统地列出了部分重要的推广内容,不过从这个简单的网站推广方式中,仍然可以得出几个基本结论。

(1)制定网站推广方式有助于在网站推广工作中有的放矢,并且有步骤有目的地开展工作,避免重要事项的遗漏。

(2)网站推广是在网站正式发布之前就已经开始进行的,尤其是针对搜索引擎的优化工作,在网站设计阶段就应考虑到推广的需要,并做必要的优化设计。

(3)网站推广的基本方法对于大部分网站都是适用的,也就是所谓的通用网站推广方法,一个网站在建设阶段和发布初期通常都需要进行这些常规的推广。

(4)在网站推广的不同阶段需要采用不同的方法,也就是说网站推广方法具有阶段性的特征。有些网站推广方法可能长期有效,有些则仅适用于某个阶段,或者临时性采用,各种网站推广方法往往是结合使用的。

(5)网站推广是网络营销的内容之一,但不是网络营销的全部,同时网站推广也不是孤立的,需要与其他网络营销活动相结合来进行。

(6)网站进入稳定期之后,推广工作不应停止,但由于进一步提高访问量有较大难度,需要采用一些超越常规的推广策略,如上述案例中建设一个行业信息类网站的计划等。

(7)网站推广不能盲目实施,需要进行效果跟踪和控制。在网站推广评价方法中,最为重要的一项指标是网站的访问量,访问量的变化情况基本上反映了网站推广的成效,因此网站访问统计分析报告对网站推广的成功与否具有至关重要的作用。

上述案例中给出的是网站推广总体计划,除此之外,针对每一种具体的网站推广措施制订详细的计划也是必要的,例如搜索引擎推广计划、资源合作计划、网络广告计划等,这样可以更加具体化,对更多的问题提前进行准备,便于网站推广效果的控制。

8.1.3　提出合理的网站推广建议

网络营销包括的方式比较多,如网站的功用、方式、贸易形式和运营战略等。一份好的网络营销筹划书应当在网站正式建立之前就完成,并且能为实践提供总体指导。网站推行方案也是在网站推行阶段就该完成的,以便能够在网站建立阶段就开始网站的"推行"任务。

与完好的网络营销筹划相比,网站推行筹划任务方案比较复杂,但是更为具体。一般来说,网站推行筹划任务方案至少应包括下列方式:

(1)确定网站推行的阶段性手段。如在公布后 1 年内完成每天独立拜访用户数目、与合作者相比的绝对排名、在次要搜寻引擎的表示、网站被链接的数目、注册用户数目等。

(2)在网站公布运营的不同阶段所采取的网站推行办法。最好具体列出各个阶段的具体网站推行办法,如登录搜索引擎的称号、网络广告的次要方式和媒体选择、需求投入的费用等。

(3)网站推行战略的控制和效果评价。如阶段推行手段的掌握、推行效果评价目标等。对网站推行筹划的掌握和评价是为了及时发觉网络营销进程中的题目,保证网络营销活动的成功。

【归纳总结】

网站的宣传推广可以反映出该网站是否能被广大来访者所接受,从而达到宣传企业以及其产品的目的,所以在网站开发的整个过程及后期的跟踪中都是必不可少的。当然网站的宣传是一个长期的、不断重复的过程,要持之以恒、不断总结、推陈出新,这样网站才能在互联网中生存和发展。

【项目训练】

(1)假如您被聘用到一家大型建材企业的网络营销部工作。有一天,部门经理告诉您,该企业的网站已经建立了半年左右的时间,但访问的人数很不理想,没有达到宣传企业产品和最终实现在线交易的初衷。要求您尽快提出一套网站推广方案,以便付诸实施。请根据该企业的有关情况,提出您的网站推广途径和推广要点。

(2)为您目前正在开发的网站制定出一个合适的网站推广方案。

8.2　网站维护

【项目引入】

企业网站一旦建成,网站的维护就成了摆在企业经理面前的首要问题。企业的情况在不断地变化,网站的内容也需要随之调整,这就不可避免地涉及网站维护的问题。网站维护不仅是网页内容的更新,还包括通过 FTP 软件进行网页内容的上传、asp、cgi-bin 目录的管理、计数器文件的管理、新功能的开发、新栏目的设计、网站的定期推广服务等。

【项目实施】

8.2.1 网站维护的重要性

互联网的魅力，很大程度在于它能源源不断地提供最及时的信息。如果有一天我们登录门户网站，发现上面全是几年前的信息，到搜索引擎上搜索，只能查到几年前的资料，也许就再也没有人去登录这些门户网站和搜索引擎了。我们把网络归入 IT 行业，说白了是信息产业，信息是一切的中心，是网络之所以存在和发展的基础。

网站的生存和发展也离不开这一必然规律。每天当你从搜狐或新浪首页看到发生在最近甚至是几分钟之前的消息，你有没有想到你的网站是不是也该更新一下了。网站不更新的原因是相似的，网站更新却各有各的理由。我们把网站需要更新的理由做简要分析：

1）没有新鲜的内容怎能吸引人？

这样的现象我们都没见过：一家商场开张 3 年从没有添加或减少过一种商品。这样的现象却到处都是：一个网站从制作完成后几年内从没改过一次。这个时代不缺少网站，这个时代缺少的是内容，新鲜的内容。因此，想让更多的人来浏览你的网站，就要不断地更新或增加新的产品和有用的信息。

2）让你的网站充满生命力

一个网站，只有不断更新才会有生命力，人们上网是为了获取所需，只有能不断地提供人们所需要的内容，才能有吸引力。网站好比一个电影院，如果每天上映的都是 10 年前的老电影，而且总是同一部影片，谁会来第二次？

3）与推广并进

网站推广会给网站带来访问量，但这很可能只是昙花一现，真正想提高网站的知名度和有价值的访问量，只有靠回头客。网站应当经常有能吸引人的、有价值的内容，让人愿意经常访问。

总之，一个不断更新的网站才会有长远的发展，才会给你带来真正的效益。

8.2.2 网站维护的基本内容

1）网站日常维护

网络日常维护包括帮助企业进行网站内容更新调整，网页垃圾信息清理，网络速度提升等网站维护操作；定期检查企业网络和计算机工作状态，降低系统故障率，为企业提供即时的现场与远程技术支持并提交系统维护报告。涉及的具体内容如下。

（1）静态页面维护：包括图片和文字的排列和更换。

（2）更新 JavaScript Banner：把相同大小的几张图片用 JavaScript 进行切换，达到变换效果。

（3）Flash 的 Banner：用 Flash 来表现图片或文字的效果。

（4）制作漂浮窗口：在网站上制作动态的漂浮图片，以吸引浏览者的眼球。

（5）制作弹出窗口：打开网站时弹出一个重要的信息或网页图片。

（6）新闻维护：对公司新闻进行增加、修改、删除的操作。

（7）产品维护：对公司产品进行增加、修改、删除的操作。

（8）供求信息维护：对网站的供求信息进行增加、修改、删除的操作。

（9）人才招聘维护：对网站招聘信息进行增加、修改、删除的操作。

2）网站安全维护

（1）数据库导入导出：对网站 SQL/MySQL 数据库导出备份，导入更新服务。

（2）数据库备份：对网站数据库备份，以电子邮件或其他方式传送给管理员。

（3）数据库后台维护：维护数据库后台正常运行，以便于管理员可以正常浏览。

（4）网站紧急恢复：如网站出现不可预测性错误时，及时把网站恢复到最近备份的状态。

3）网站故障恢复

帮助企业建立全面的资料备份及灾难恢复计划，做到有备无患；在企业网站系统遭遇突发严重故障而导致网络系统崩溃后，在最短的时间内进行恢复；在重要的文件资料、数据被误删或遭病毒感染、黑客破坏后，通过技术手段尽力抢救，争取恢复。

4）网站内容更新

网站的信息内容应该适时更新，如果现在客户访问企业的网站看到的是企业去年的新闻，或者说客户在秋天看到新春快乐的网站祝贺语，那么他们对企业的印象肯定大打折扣。因此，注意适时更新内容是相当重要的。在网站栏目设置上，也最好将一些可以定期更新的栏目如企业新闻等放在首页上，使首页的更新频率更高些。

帮助企业及时更新网站内容，包括文章撰写、页面设计、图形设计、广告设计等服务内容，把企业的现有状况及时地在网站上反映出来，以便让客户和合作伙伴及时了解企业的最新动态，同时也可以及时得到相应的反馈信息，以便做出及时、合理的处理。

5）网站优化维护

帮助企业网站进行 meta 标记优化、W3C 标准优化、搜索引擎优化等合理优化操作，确保企业网站的页面布局、结构和内容对于访问者和搜索引擎都更加亲和，使得企业网站能够更多地被搜索引擎收录，赢得更多潜在消费者的注意和好感。

6）网络基础维护

（1）网站域名维护：如果网站空间变换，应及时对域名进行重新解析。

（2）网站空间维护：保证网站空间正常运行，掌握空间最新资料、大小等。

（3）企业邮局维护：分配、删除企业邮局用户，帮助企业邮局进行 Outlook 的设置。

（4）网站流量报告：可统计出地域、关键词、搜索引擎等统计报告。

（5）域名续费：及时提醒客户域名到期日期，防止到期后被别人抢注。

7）网站服务与回馈工作要跟上

客户向企业网站提交的各种回馈表单、购买的商品、发到企业邮箱中的电子邮件、在企业留言板上的留言等，企业如果没有及时处理和跟进，不但丧失了机会，还会造成很坏的影响，以致客户不会再相信该网站。所以给企业设置专门从事网站服务和回馈处理的工作人员,并对他们进行培训,使其掌握基本的处理方式,以达到网站服务与回馈工作的及时跟进。

8) 不断完善网站系统,提供更好的服务

企业初始建网站一般投入较小,功能也不是很强。随着业务的发展,网站的功能也应该不断完善以满足顾客的需要,此时使用集成度高的电子商务应用系统可以更好地实现网上业务的管理和开展,从而将企业的电子商务带向更高的阶段,也将取得更大的收获。

8.2.3　网站维护基本流程

网站维护基本流程图如图 8.4 所示,有如下几个步骤。

图 8.4　网站维护基本流程图

(1) QQ、微信、电话交流或面谈,达成网站维护协议(判断工作量与工作时间)。

(2) 收到客户资料(可通过 E-mail、传真等方式传送,还可以通过 QQ 直接传送资料以达到资料完整性。在资料无法通过以上方式传递时,可上门索取)。

(3) 当天核对需求无误,工作进行中。

(4) 负责人验收上传或传送给客户。

(5) 上传后通知客户的负责人验收。

【归纳总结】

人们上网无非是要获取所需,所以对于一个网站,只有不断地更新,提供人们所需要的内容才能有吸引力,而企业的发展也使其本身的信息资源不断地丰富,所以在网站更新维护上,的确需要持之以恒的力量,才能保持网站的新意和吸引力。

【项目训练】

分析您目前正在开发的网站,确定哪些内容需要进行维护和更新,并能形成文字,制订计划,确定这些需要维护的内容的维护周期。

8.3　小　结

对网站进行宣传和推广就是希望有越来越多的人来访问,达到产品推销的目的。这与现实其实差不多,我们可以在各个传播媒介中看到海飞丝、奥妙、康师傅等的广告,这便是宣传。对于网站来说,如何提高它的流量,当然也需要宣传,这个就是广告,广而告之。

然而如果是一个毫无新意、一成不变的网站,相信即便宣传做好了,还是会流失大量的客户,所以网站维护的工作需要持之以恒。

项目 9 "我的酷站"项目总结

"我的酷站"网站建设项目基本完成。最后还需要对整个项目做最后的总结,包括对项目的成功、效果和取得的教训进行分析,以及将这些信息存档以备将来利用。同时也要对项目做出最后的评价。

 ## 9.1 文档的书写与整理

【项目引入】

文档是过程的踪迹,它提供项目执行过程的客观证据,同时也是对项目有效实施的真实记录。项目文档记录了项目实施轨迹,承载了项目实施及更改过程,并为项目交接与维护提供便利。

【项目分析】

文档是在网站开发过程中不断生成的,在开始接手项目时的网站建设策划书,在网站制作过程中小组会议的记录、工作进程的记录,在网站制作完成后的网站说明书,都属于文档的范畴。

【能力要求】

项目应具有真实有效、准确完备的说明文档,便于以后科学、规范地管理。

(1)规范文档写作的格式要求。

(2)明确文档写作的内容。

(3)会进行文档的整理。

【相关知识】

1)文档写作

网站作品说明写作方向如下:网站名称,作者,软硬件条件说明,网站基本功能说明,网页设计创意(创作背景、目的、意义)。

创作过程:在 Dreamweaver 中运用了哪些技术和技巧,文字处理是否有特殊方面,图形处理方面运用了哪些技术和技巧,其他,得意之处,原创部分。

2）文档整理

项目文档是项目实施和管理的工具,用来理清工作条理、检查工作完成情况、提高项目工作效率,所以每个项目都应建立文档管理体系,并做到制作及时、归档及时,同时文档信息要真实有效,文档格式和填写必须规范,符合标准。网站开发完毕后对在其开发期间生成的一些文档进行整理归档。

【归纳总结】

明确文档在整个项目开发中的地位和作用,不要认为文档是可有可无的。通过文档的书写掌握文档书写的规范。

【项目训练】

（1）每个小组为自己的主题网站撰写一份网站作品说明书。

（2）整理好网站开发中的文档,并进行装订。

 9.2 网站展示、交流与评价

经过前期的设计与制作,一个完整的网站已经展现在眼前。作为一个网站,它的好坏并非由网站的设计制作者来判定,浏览者即客户的评价才是最重要的。

【能力要求】

（1）文字表达能力。

（2）分析能力。

（3）协作与交流能力。

（4）实事求是的精神。

【相关知识】

1）讨论交流

（1）小组内部交流。

① 小组成员之间交流心得,并完成《网站设计与网页制作》小组成员互评表。

② 通过交流修改完善网站。

③ 每小组选一个代表展示本小组的作品并简单介绍其设计思想、内容、特色等。

④ 小组合作完成作品介绍的演讲稿。

（2）小组间交流。

① 由每个小组的代表上讲台展示并简单介绍本小组作品。

② 各小组发表自己的意见,以供参考。

③ 各小组完成《网站设计与网页制作》小组互评表。

2）评价指标

（1）小组成员互评标准如表 9.1 所示。

表 9.1 小组成员互评标准表

类型		内 容
过程考核 (40分)	作息制度与卫生(5分)	迟到每次扣1分,早退每次扣1分,旷课每次扣2分
		不能保持自己周围环境的卫生情况每次扣1分
		下课后没有关闭电脑,没有摆放好座椅再走,每次扣1分
	课堂表现(5分)	能真实地回答和反映问题,根据具体情况每次加1~2分
		上课时打游戏或做其他无关的事情,每次扣1分
	职业素质(10分)	工作态度:5分
		团队协作:3分
		沟通情况:2分
	作业情况(10分)	认真完成个人及小组作业:10分
	答辩分(10分)	答辩分(表达能力、专业技能、工作量):10分
作品考核 (40分)	策划书(5分)	合理的需求分析:1分
		合理的符合客户需求的网站整体结构的设计,包括首页、子页的结构;合理的栏目说明:2分
		合理的网站建设进度安排:1分
		格式规范:1分
	阶段考核(10分)	网站逻辑结构、色彩、简单布局:2分
		网站首页界面设计:2分
		网站首页制作:2分
		网站模板制作:2分
		网站部分子页:2分
	作品评分(35分)	网站评分$\times 30\%$:30分(评分细则见表9.2)
		结合小组成员互评表及小组互评表的意见:5分 (好,5分;一般,2分;较好,3分;不好,0分)
	网站说明书(5分)	对网站软硬件环境的说明:1分
		对网站基本功能的说明:1分
		对网站页面设计创意等的说明:1分
		原创部分的说明:2分
	网小结(5分)	优:5分;良:3分;中:2分;差:1分
附加分 (10分)	反馈意见(10分)	特别满意:10分;很满意:8~9分;满意:6~7分; 一般:4~5分;合格:2~3分;不满意:0~1分

(2) 小组自评、互评标准(网站评分细则)如表 9.2 所示。

表 9.2 小组自评、互评标准表

序号	内 容	细 目
1	网站主题(5分)	主题鲜明
2	网站内容(25分)	积极健康向上,与社会、学习、生活密切联系
		具有鲜明、独特的风格
		网站的设计规范、合理
		网站结构、栏目设计规范合理
		网站中素材丰富、组织有序、使用合理
3	创造性与实用性(10分)	网站设计中题材、栏目、页面有创造性
		网站有一定的原创性
4	网站的技术标准(55分)	对站点内文件及文件夹合理归类、命名合理
		页面布局美观、大方、合理
		作品文本内容使用 CSS 样式定义
		符合三次单击原则
		网站容量 10 MB 以内(包括声音、视频)
		网页中的图形处理技术
		网页中的简单动画制作及应用
		规范的导航、正确使用超链接
		合理地使用多媒体技术(音频、视频、动画)
		能合理地应用层、行为、事件
		页面没有错别字、错误资料,网站运行正常
5	网站综合艺术性(5分)	网站整体的艺术性、网页设计的艺术性

说明:在评比时每项可分为 6 个等级(5 分、4 分、3 分、2 分、1 分、0 分),分数在 85～100 分为优秀作品,75～84 分为良,60～74 分为合格,60 分以下为不合格。在自评和互评时,如评分人所评定的成绩与本课程最终成绩的等级每相差一个等级,将在自己的本课程最终成绩的分数上扣 2 分,如相差 4 个等级,将扣 8 分。

【归纳总结】

通过组内与组间交流,可以集大家的智慧对开发的网站进行完善,同时可以发现自身的不足之处。

 # 9.3 小 结

项目 9 主要介绍了项目文档书写与整理的方法及对项目的最终评价标准。文档作为一种日常交流的重要依据和工作成果的总结显得尤为重要,在文档管理的过程中既要注意严肃性,又要兼顾灵活性,要本着在达到正常的规范性的基础上尽可能地方便使用者的使用和交流,提高使用效率。

项目 10   将页面移植到移动设备

随着移动设备的逐渐普及和 Web 技术的发展，移动设备已逐渐超过桌面设备，成为访问互联网的最常见终端。为了实现在任意设备上都能够对网页内容进行完美布局，使用户获得与设备匹配的视觉效果，需要对网页进行响应式设计。结合 HTML5、CSS3 带来的新特性，可以通过阻止移动浏览器自动调整页面大小、媒体查询，以及运用流式布局等技术来实现响应式网页设计，更好地满足使用不同设备的用户。

 ## 10.1   将"我的酷站"页面转为响应式设计

【项目引入】

"我的酷站"前端页面的开发制作已基本完成。随着移动设备的逐渐普及和 Web 技术的发展，越来越多的人使用小屏幕设备上网，因此需要对网站进行移动化改造，使其能够适应不同的设备，给用户带来良好的用户体验。

【项目展示】

本项目中，将以"我的酷站"页面为例，将其设计成适应宽度为 320 px、480 px、800 px、1024 px、1366 px 等的设备。效果如图 10.1～图 10.5 所示。

图 10.1   宽度为"320 px"设备中网页效果   图 10.2   宽度为"480 px"设备中网页效果

图 10.3　宽度为"800 px"设备中网页效果

图 10.4　宽度为"1024 px"设备中网页效果

图 10.5　宽度为"1366 px"设备中网页效果

【能力要求】

(1) 掌握响应式设计的定义。

(2) 理解媒体查询。

(3) 理解流式布局。

(4) 学会移动化文本、图像及导航等网页元素。

【项目实施】

10.1.1　理解响应式设计

为不同的设备制作不同的网页是目前很多网站的做法，比如可以专门为移动设备提供一个 mobile 版本。这样做可以保证网页在不同设备上的显示效果，但是维护成本却增加了，同时也大大增加了架构设计的复杂度。因此，大多数情况下，根据视图大小为用户提供与之匹配的视觉效果还是需要优先考虑的。在这样的情况下，人们提出了响应式网页设计的理念。

1）响应式网页设计的定义

RWD(Responsive Web Design，响应式网页设计) 这个术语，是由 Ethan Marcotte 提出的。它是针对任意（包括将来出现的）设备对网页内容进行完美布局的一种显示机制，而不是针对不同的设备制定不同的版本。真正的响应式设计方法不仅仅只是根据视图大小改变网页布局。相反，它是要从整体上颠覆我们当前设计网页的方法。以往我们先是针对桌面电脑进行固定宽度设计，然后将其缩小并针对小屏幕进行内容重排；现在我们应该首先针对小屏幕进行设计，然后逐步增加针对大屏幕的设计和内容。

2）实现响应式网页设计的技术

一般可以通过阻止移动浏览器自动调整页面大小、媒体查询，以及运用流式布局等技术来实现响应式网页设计。

(1) 阻止移动浏览器自动调整页面大小。使用智能手机浏览桌面端网站时，一般会自动缩放到合适的宽度使视口能够显示整个页面，但是这样会使文字变得很小，浏览内容不方便。可以通过设置 meta 标签的 viewport 属性来设定加载网页时以原始的比例显示网页。将这个 meta 标签加到<head>标签里。

```
<meta name="viewport"content="width=device-width,initial-scale=1.0">
```

viewport 是网页默认的宽度和高度，上面代码的意思是：网页宽度默认等于设备宽度（width=device-width），原始缩放比例（initial-scale=1）为 1.0，表示支持该特性的浏览器都将会按照设备宽度的实际大小来渲染网页。

所有主流浏览器都支持这个设置，包括 IE11。对于那些老式浏览器（主要是 IE8、IE9、IE10），需要使用 css3-mediaqueries.js 或者 respond.js 来为 IE 添加 MediaQuery 支持。

```
<!-[if lt IE 11]>
<script src="http://css3-mediaqueries-js.googlecode.com/svn/trunk/css3-mediaqueries.js">
</script>
<![endif]->
```

设置 viewportmeta 标签后,任何浏览器都不再缩放页面,这样就可以针对不同视图来修正设计效果。

(2) 使用媒体查询。实现响应式设计的关键技术是 CSS3 的媒体查询模块,它可以让我们根据设备显示器的特性为其设定 CSS 样式。仅使用几行代码,就可以根据诸如视图宽度、屏幕比例、设备方向(横向或纵向)等特性来改变页面内容的显示方式。

① 选择性加载样式文件。媒体查询能使我们根据设备的各种功能特性来设定相应的样式,而不仅仅只针对设备类型,代码如下:

<link media="screen and (orientation:portrait)" rel="stylesheet" type="text/css" href="portrait—screen.css"/>

首先,媒体查询表达式询问了媒体类型("你是一块显示屏吗?"),然后询问了媒体特性("显示屏是纵向放置的吗?")。任何纵向放置的显示屏设备都会加载样式表,其他设备则会忽略该文件,从而基于媒体查询实现了选择性加载样式文件。

② CSS 样式表中使用媒体查询。当要针对不同的设备应用不同的样式时,可以在样式文件中用 @media 选择应用。如将下面的代码插入样式表,在屏幕宽度小于等于 400 像素的设备上,h1 元素的文字颜色就会变成绿色。

```
media screen and (max—device—width:400px) {
hl {color:green}
}
```

③ 使用 CSS 的 @import 方式。还可以使用 CSS 的 @import 指令在当前样式表中按条件引入其他样式表。例如下面的代码会给视口最大宽度为 360 像素的显示屏设备加载一个名为 phone.css 的样式表。

```
@Import url("phone.css") screen and (max—width:360px);
```

但使用 CSS 的 @import 方式会增加 HTTP 请求,影响加载速度,所以要慎重使用该方法。

④ 老版本浏览器(IE6、IE7、IE8)不兼容 MediaQuery 的解决方案。对于不支持 MediaQuery 的浏览器,可以通过 JavaScript 的方法来解决 CSS3 媒体查询的相关问题。这里主要讨论使用 JavaScript 脚本判断浏览器窗口的宽度及检测设备的类型这两个问题。

• 使用 JavaScript 脚本判断浏览器窗口的宽度。

可以通过引入一个 JavaScript 库——jQuery 来判断浏览器窗口的宽度。从 http://jquery.com/上下载到 jQuery 的最新版本,在 HTML 的 <head> 标签中引入 jQuery,代码如下所示:

```
<script type="text/javascript" src="jquery.js"></script>
```

引入 jQuery 后,可以利用它来获取浏览器窗口的宽度,从而将这个宽度设置为"大于等于或小于等于"某个宽度值,就像使用 CSS3 媒体查询中的"max-width"或"min-width"属性一样,获取浏览器窗口宽度的代码如下所示:

```
var browserWidth= $ (window).width();
```

• 使用 JavaScript 脚本检测设备的类型。

可以通过 JavaScript 获取浏览器所在设备的类型,即可以判断用户所使用的设备是 iOS 设备、Android 设备还是其他设备。获取设备类型后,就可以针对不同的设备类型而提供不同的样式表文件。例如判断 iPad 设备类型的代码如下所示:

```
if(navigator. userAgent. toString(). toLowerCase(). indexof('ipad')! =1{... })
```

（3）流式布局。在认识到媒体查询威力无比的同时,我们也要看到它的局限性。那些仅使用媒体查询来适应不同视口的固定宽度设计,只会从一组媒体查询规则突变到另一组,两者之间没有任何平滑渐变。为了实现更灵活的设计,能在所有视口中完美显示,我们需要使用灵活的百分比布局(这种使用百分比的布局方式也被称之为"流式布局"),这样才能让页面元素根据视口大小在一个又一个媒体查询之间灵活伸缩修正样式。

① 将网页从固定布局修改为百分比布局。如果我们已经拥有了一个固定像素布局的网页,Ethan Marcotte 提供了一个简易可行的公式,可以将固定像素宽度转换为对应的百分比宽度:目标元素宽度÷上下文元素宽度＝百分比宽度。只要明确了上下文元素,我们可以很方便地将固定像素宽度转换成对应的百分比宽度,实现百分比布局。

② 用相对大小的字体。em 的实际大小是相对其上下文的字体大小而言的,如果我们给<body>标签的文字大小设置为 16 像素,给其他文字都使用相对单位 em,那这些文字都会受到 body 上的初始声明的影响。这样做的好处是如果完成了所有文字排版后,客户又要将页面文字统一放大,我们就只需要修改 body 的文字大小,其他文字也会相应变大。我们同样可以使用公式——"目标元素尺寸÷上下文元素尺寸＝百分比尺寸"将文字的像素单位转换为相对单位。

③ 弹性图片。目前,在浏览器中要实现图片随着流动布局进行相应缩放非常简单,只要在 CSS 中做如下声明:

```
img { max-width:100%;}
```

这行代码对于大多数嵌入网页的视频也有效,所以可以写成:

```
img,object { max-width:100%;}
```

对于不支持 max-width 的老版本 IE,只能写成:img{width:100%;},另外 Windows 平台缩放图片时,可能出现图像失真现象。这时,可以尝试使用 IE 的专有命令:

```
img{ -ms-interpolation-mode:bicubic;}
```

或者,使用 Ethan Marcotte 的 imgSizer. js:

```
addLoadEvent(function(){
    var imgs=document. getElementById("content"). getElements
ByTagName("img");
    imgSizer. collate(imgs);
})
```

这样就可以使图片自动缩放到与其容器 100% 匹配。

10.1.2　移动化"我的酷站"页面

理解了响应式设计的定义和技术之后,我们来完成"我的酷站"这个页面的移动化。

1）阻止移动浏览器自动调整页面大小

在完成的 aboutus. html 中，通过 meta 标签的 viewport 属性来设定加载网页时以原始的比例显示网页。将这个 meta 标签加到<head>标签里。

<meta name="viewport"content="width=device-width, initial-scale=1.0">

2）使用媒体查询

使用媒体查询，如果屏幕宽度小于 1024 像素，将引用样式表 mobile. css 的规则来规定网页的定位、单位和尺寸。在这种情况下，在这个样式表中重新定义的所有样式都可以覆盖之前样式表中定义过的样式。

<link href="css/mobile. css" rel="stylesheet"media="screen and(max-width:1024px)"type="text/css"/>

3）在 CSS 样式表中使用媒体查询

针对不同的设备宽度应用不同的样式时，可以在样式文件中用@media 设置不同尺寸的页面样式，实现页面效果。

（1）宽度大于 800 像素小于 1024 像素时，设置样式如下：

```
@media(max-width:1024px){
. intro_wrap{width:85%;}
. intro_fame{width:100%;}
. top_right1 {width:67. 5%;}
. menu li{width: 80px; }
. menulia:hover,. menulia. cur {background: url(.. /images/menu_bg1. gif) 0 0 no-repeat;}
}
```

效果图如图 10. 4 所示。

（2）宽度大于 480 像素小于 800 像素时，设置样式如下：

```
@media(max-width:800px){
. intro_fame{width:100%;}
. top_right1{width:98%;}
. menu li{width:75px;}
. menulia:hover,. menulia. cur {background: url(.. /images/menu_bg2. gif) 0 0 no-repeat;}
. intro_wrap{width:95%;}
. contact_us{width:90%;}
```

效果图如图 10. 3 所示。

（3）宽度大于 320 像素小于 480 像素时，设置样式如下：

```
@media(max-width:480px){
. intro_fame{width:100%;}
. top_right1{width:100%;}
. menu {width:300px;marin: 0 auto;}
. menu li{width:100px;}
```

.menulia:hover,.. menulia. cur {background: url(.. /images/menu_bg3. gif 0 0 no—repeat;}

. footer {width:270px;text—align:center;margin: 0 auto;}

. contact_us{width:98%;}

效果图如图 10.2 所示。为了有更好的视觉效果,这时候导航由单行变成双行。

(4) 宽度大于 240 像素小于 320 像素时,设置样式如下:

@medi(max—width:320px){

. footer{width:270px;}

. menu li{width:320px;}

. menula{ text—align: left;padding—left:30px;}

. menulia:hover,. menulia. cur {background: url(.. /images/menu_bg3. gif) 0 0 no—repeat;}

. footer{width:210px;}

. footera{margin:0 1px 0 0;}

. intro_title {background:url(. /images/intro_pic11. gif) 0 0 no—repeat;height:68px;}

效果图如图 10.1 所示。为了有更好的视觉效果,这时候导航由双行变成垂直导航。

【归纳总结】

本项目任务通过阻止移动浏览器自动调整页面大小、媒体查询,以及运用流式布局等技术来实现"我的酷站"页面的响应式设计。使网页在不同设备中给予用户更好的视觉体验。

【项目训练】

(1) 完成"我的酷站"中其他页面的响应式设计。

(2) 将实践项目进行响应式设计。

 10.2   小   结

项目 10 主要介绍了响应式设计的定义、实现响应式设计的相关技术。

响应式网页设计是针对任意设备对网页内容进行完美布局的一种显示机制,而不是针对不同的设备制定不同的版本。真正的响应式设计方法不仅仅只是根据视口大小改变网页布局。相反,它是要从整体上颠覆我们当前设计网页的方法。

一般可以通过阻止移动浏览器自动调整页面大小、媒体查询,以及运用流式布局等技术来实现响应式网页设计,更好地满足使用不同设备的用户。

参考文献

[1] 网冠科技. DREAMWEAVER 时尚创作百例[M]. 北京:机械工业出版社,2003.

[2] 天蓝工作室. 网站架构与美工黄金组合[M]. 北京:人民邮电出版社,2000.

[3] 向元杰. Flash MX 编程轻松上手[M]. 北京:清华大学出版社,2002.

[4] 伍梵华. 网页设计与网站开发——HTML 网页制作网站开发完全实战[M]. 北京:航空工业出版社,2000.

[5] 袁磊,陈伟卫. 网页设计与制作实例教程[M]. 北京:清华大学出版社,2008.